Retrospektiven

kurz & gut

Rolf Dräther

O'REILLY®

Beijing · Cambridge · Farnham · Köln · Sebastopol · Tokyo

Kommentare und Fragen können Sie gerne an uns richten:
O'Reilly Verlag
Balthasarstr. 81
50670 Köln
E-Mail: kommentar@oreilly.de

1. Auflage 2014

Bibliografische Information Der Deutschen Bibliothek
Die Deutsche Bibliothek verzeichnet diese Publikation in der Deutschen Nationalbibliografie; detaillierte bibliografische Daten sind im Internet über *http://dnb.ddb.de* abrufbar.

Lektorat: Alexandra Follenius, Köln
Korrektorat: Sibylle Feldmann, Düsseldorf
Satz: Tim Mergemeier, Reemers Publishing Services GmbH, Krefeld; www.reemers.de
Umschlaggestaltung: Michael Oreal, Köln
Produktion: Karin Driesen, Köln
Druck: fgb freiburger graphische betriebe; www.fgb.de

ISBN 978-3-95561-800-1

Dieses Buch ist auf 100% chlorfrei gebleichtem Papier gedruckt.

Für Gertrud, Klaus und Kess

Inhalt

Einleitung

Wenn wir durch unser Leben gehen, so meinen wir stets, unser Blick wäre frei voraus gerichtet und wir könnten erkennen, was auf uns zukommt, und entsprechend agieren. In Wahrheit sitzen wir eher wie Ruderer in einem Boot, mit dem Rücken nach vorn.

Wir schauen in unser Kielwasser, betrachten, wie sich die Heckwelle teilt und auf das Ufer zuläuft, und haben einen hervorragenden Blick auf die Dinge, die wir soeben hinter uns gelassen haben. Je weiter die Dinge zurückliegen, desto mehr verschwimmen sie im Dunst.

Schauen wir zur Seite, dann erkennen wir, wo wir uns gerade befinden, welche Stelle wir im Augenblick passieren. Nur wenn wir unseren Kopf über die Schulter drehen, können wir einen Blick auf das erhaschen, was unmittelbar vor uns liegt.

Und wir können mit jedem Ruderschlag lernen: Indem wir uns darüber klar werden, was gut funktioniert hat und was wir deshalb künftig bewahren und verstärken wollen. Indem wir darüber reflektieren, wobei uns Fehler unterlaufen sind und wie wir sie in Zukunft vermeiden. Und indem wir uns überlegen, was wir einmal ausprobieren wollen, in der Hoffnung, dass sich dadurch in Zukunft auf unserem weiteren Weg etwas verbessert.

Und so sind wir schon mitten in einer Retrospektive ... oder im kontinuierlichen Verbesserungsprozess ... oder im Kaizen ... oder bei Inspect and Adapt.

Warum dieses Buch und für wen

Feedback ist ein unverzichtbarer Bestandteil unseres Lebens. Ohne Feedback kein Lernen. Heinz von Foerster formulierte in seinem ästhetischen Imperativ: »Willst du erkennen, lerne zu handeln« [Foerster 1994], denn erst durch unser Handeln erfahren wir unmittelbare Rückkopplung mit unserer Umwelt. Die Praxis also als Prüfstein jeglicher Theorie. Es gibt eine Vielzahl von Konzepten, die diesem Ansatz folgen: Trial and Error, Inspect and Adapt, Kaizen, Plan-Do-Check-Act, Learn to Fail or Fail to Learn ... immer wieder gleichen wir in den unterschiedlichsten Lebenslagen unser Handeln mit unserer Umgebung ab.

Dringt man in komplexe Domänen vor, enden detaillierte Vorhersagbarkeit und Planbarkeit von Vorhaben. An ihre Stelle tritt ein Vorantasten in kleinen, überschaubaren Schritten mit anschließender Reflexion über das Erreichte und die sich daraus eröffnenden Perspektiven für den folgenden Schritt.

Retrospektiven sind eine Möglichkeit, sich selbst Feedback zu geben, indem man über die letzten Schritte reflektiert und daraus Konsequenzen für die folgenden ableitet. Das ist generell in allen Kontexten nützlich. In komplexen (Arbeits-)Umfeldern hingegen sind Retrospektiven überlebensnotwendig, denn sie ermöglichen, dass sich das System kontinuierlich den sich ändernden Gegebenheiten anpassen kann. Und das immer und immer wieder, denn nichts ist bekanntlich so beständig wie der Wandel.

Vor allem in Softwareprojekten, aber auch in anderen Kontexten, werden Retrospektiven in Form von »Lessons Learned« oder Projektabschlussanalysen schon seit vielen Jahren regelmäßig durchgeführt. Mit der zunehmenden Verbreitung agiler Projektmanagement-Praktiken wie Scrum und Kanban in der Softwareentwicklung gehören regelmäßige Retrospektiven inzwischen zum Projektalltag, denn sie sind fester Bestandteil dieser Vorgehensmodelle. Das hat zur Folge, dass sich immer mehr Menschen damit auseinandersetzen (müssen), wie man Retrospektiven moderiert und zielführend nutzt.

Bisher gab es kaum deutschsprachige Bücher, die den Retrospektiven-Einsteiger bei seinen ersten Schritten begleiten. Inzwischen sind »Retrospektiven in der Praxis« [Löffler 2014a] und »Retrospektiven in agilen Teams« [Andresen 2014] erschienen – zwei aus meiner Sicht großartige Bücher, die eine Fülle an Informationen und Material rund um das Thema liefern. Wo aber anfangen und einsteigen, wenn man vor der Herausforderung steht, seine erste Retrospektive zu moderieren?

Dieses Buch will in einem handlichen Format einen Einstieg in das Thema geben. Das erklärte Ziel ist es, den Leser schon nach wenigen Seiten Schritt für Schritt durch eine Retrospektive zu führen und mit einer Schnellstartanleitung auszurüsten, die ihn ermutigt und in die Lage versetzt, sofort eigene praktische Erfahrungen zu sammeln.

Aufbau dieses Buchs

Kapitel 1, *Schnellstart*, schafft mit einer knappen Vorstellung der beiden grundlegenden Regeln für Retrospektiven die Basis für eine erste praktische Arbeit. Das nachfolgende kommentierte Rezept für eine Keep-Drop-Try-Retrospektive ist dazu gedacht, dass Sie sofort anfangen und erste eigene Erfahrungen sammeln können. Der »Spickzettel« am Ende des Rezepts soll Ihnen als Wegweiser durch Ihre erste Retrospektive dienen.

In Kapitel 2, *Einsteigen*, geht es dann um Begriffsklärungen. Was ist eine Retrospektive, wobei kann sie helfen? Wie kann schon weit vor dem Ende des Projekts ein Prozess in Gang gesetzt werden, der Lernen im Projekt für das Projekt fördert? Eine kleine Geschichte über den Sinn kontinuierlichen Lernens rundet das Kapitel ab.

Kapitel 3, *Struktur – die fünf Phasen*, führt Sie durch die fünf Phasen einer Retrospektive. Sie können sich Schritt für Schritt durch den Prozess lesen, erfahren dabei, worum es im Kern in der jeweiligen Phase geht, worauf es ankommt und was für Sie und die Teilnehmer zu tun ist, und finden eine Reihe von Praxistipps. Am Ende wird beschrieben, wie sich durch die Einbettung der fünf Phasen einer Retrospektive in einen iterativen Projekt- oder Produktlebenszyklus ein integrierter Prozess kontinuierlicher Verbesserung und Anpassung etablieren lässt.

Kapitel 4, *Vorbereiten*, soll Sie bei der Vorbereitung Ihrer Retrospektiven unterstützen. Die verschiedensten Aspekte – Kontext, Thema, Zeitraum, Teilnehmerkreis, Dauer, Zeit und Ort, aber auch die Zeitplanung und die Entscheidung für das passende Material – werden ausführlich besprochen und mit Tipps aus der Praxis angereichert.

Kapitel 5, *Facilitieren*, stellt Fragen wie: Was macht einen Facilitator aus, was unterscheidet ihn vom Moderator, und wie kann man zum Facilitator werden? Zunächst werden die Vegas-Regel und die Goldene Regel (Prime Directive) noch einmal aufgegriffen und vertieft. Die Erörterung weiterer Werte und Haltungen, wie zum Beispiel Menschenbild, Respekt, Neutralität, Bewertungsarmut und Naivität, soll Ihnen ermöglichen, tiefer einzutauchen. Ein zweiter Abschnitt beleuchtet Praktiken wie Rahmen und Regeln geben, Rollenklarheit schaffen, Fragetechniken und den Gebrauch von Sprache. In Kapitel 5, Abschnitt »Lösungsorientierung«, werden dann Haltungen und Praktiken zu einem Ansatz zusammengeführt, der eine Alternative zur verbreiteten Ursachen- und Problemanalyse in Retrospektiven darstellt. Das Kapitel schließt mit einem Plädoyer dafür, als Facilitator auch selbst ständig dazuzulernen.

In Kapitel 6, *Rezepte*, stelle ich Ihnen »meine« Retrospektive und eine Zeitreise Schritt für Schritt kommentiert vor, sodass Sie, wie bereits mit Rezept 1: Keep-Drop-Try, eine ausführliche Anleitung und Anregungen für Ihre praktische Arbeit erhalten. Zum Abschluss habe ich unter Kapitel 6, Abschnitt »Inspirationsquellen«, einige Ressourcen aufgeführt, unter denen Sie Aktivitäten, Methodenbausteine und ganze Retrospektiven-Pläne für die weitere Arbeit finden können.

Zum Schluss verweise ich in Kapitel 7, *Ausblick*, – kurz & knapp – auf Metaphern, lösungsorientierte Retrospektiven und die unterschiedlichsten Arten, in einen regen Austausch mit Kollegen und Gleichgesinnten zu kommen.

In Anhang, *Literatur*, am Ende des Buchs habe ich die Quellen, soweit es möglich war, thematisch geordnet. Das hilft Ihnen hoffentlich, wenn Sie das eine oder andere Thema vertiefen wollen und ein passendes Buch oder eine andere Quelle dazu suchen.

Wie man mit diesem Buch arbeitet

Dieses Buch können Sie – wie jedes Buch – von vorn nach hinten lesen. Dann folgen Sie einem roten Faden, den ich im Kopf hatte, als ich das Buch geschrieben habe. Das kann von Vorteil sein, wenn Sie sich Stück für Stück dem Thema nähern und dabei auf dem bereits Gelesenen aufbauen wollen. Allerdings wiederholt sich dann vielleicht auch das eine oder andere, weil es im jeweiligen Kontext, wenn er nur für sich steht, gebraucht wird.

Möchten Sie sofort starten, finden Sie in Kapitel 1, *Schnellstart*, eine Schritt-für-Schritt-Anleitung für eine Keep-Drop-Try-Retrospektive. Damit lassen sich erste praktische Erfahrungen sammeln, um danach tiefer in die Materie einzusteigen. Zwei weitere Rezepte zum »Nachkochen« gibt es in Kapitel 6, *Rezepte*.

Genauso gut können Sie einfach jedes beliebige Kapitel aufschlagen und gezielt einzelne Aspekte nachlesen, die Ihnen bei der Vorbereitung und Durchführung der nächsten Retrospektive helfen könnten.

Unabhängig von diesen Anregungen werden Sie sicher Ihren ganz individuellen Zugang zu diesem Buch finden und auf eigene Weise Ihre präferierten Einstiegspunkte und Themen markieren.

Der Autor

Rolf Dräther, Jahrgang 1962, lebt und arbeitet in Hamburg als selbstständiger Berater, Trainer und Coach. Er ist Certified Scrum Professional (CSP) und Certified Scrum Master (CSM), akkreditierter Trainer für das Team-Management-System von Margerison-McCann, systemischer Berater und Coach (EASC) und bekennender Happyzentriker.

Mit seinem ganzen Wissen, Können, seiner Intuition und seinen langjährigen Erfahrungen mit agiler Softwareentwicklung unterstützt er Teams, Führungskräfte und Unternehmen bei der Einführung, der Anpassung und dem täglichen Leben von Wandel und agilen Vorgehensweisen.

Er ist Sprecher auf Konferenzen wie der OOP München, den XP Days, der SEACON in Hamburg, der Manage Agile Berlin und dem Karlsruher Entwicklertag.

Im Februar 2013 erschien bei O'Reilly das Buch »Scrum – kurz & gut«, das er gemeinsam mit Holger Koschek und Carsten Sahling geschrieben und veröffentlicht hat.

Danksagungen

Ein solches Buch kann nicht im luftleeren Raum entstehen – schon gar nicht, wenn man über Feedback durch Retrospektiven schreibt. Deshalb möchte ich mich an dieser Stelle für all die Unterstützung bedanken, die mir zuteilgeworden ist. Danke an die Teams, mit denen ich arbeiten durfte und die geduldig meine Retrospektiven-Experimente ertragen haben. Vielen Dank auch an all die Kollegen, mit denen ich auf Konferenzen und Un-Konferenzen, in Kneipen, Cafés und Bars, in Projekten und Workshops diskutieren und reflektieren konnte und deren Anregungen wie Sediment Schicht für Schicht in mich eingesunken sind.

Ich bedanke mich ganz herzlich bei Alexandra Follenius vom O'Reilly Verlag für ihre Geduld und Ausdauer. Ihren wertvollen Anregungen hat dieses Buch seine klare Struktur und Zielgruppenansprache zu verdanken.

Herzlicher Dank gilt (in alphabetischer Reihenfolge) Susanne Bartel, Raimon Dworack, Vera Elverfeldt, Norman Erck, Christine S. Hartmann, Holger Koschek, Veronika Kotrba, Marc Löffler, Ralph Miarka und Sven Röpstorff, die das Manuskript in Teilen oder vollständig vorab gelesen, einem Review unterzogen, mit den Rezepten experimentiert und mit ihren Anregungen und Rückmeldungen einen wichtigen Beitrag zum Gelingen dieses Buchprojekts geleistet haben.

Von Herzen danken möchte ich meiner Frau, die mir in jeder Hinsicht den Rücken freigehalten, Korrektur gelesen, mir Feedback gegeben und mich immer wieder ermutigt hat, mir Raum für dieses Buchprojekt zu schaffen.

Die Website zum Buch

Wenn man »kurz & gut« schreiben will, kommt es immer wieder vor, dass es eigentlich noch mehr zu sagen gäbe, was dann aber den Rahmen des gewählten Formats sprengen würde. Deshalb gibt es eine Website zum Buch:

www.retrospektiven-kurzundgut.de

Hier finden Sie Links auf weiterführende Informationen aus den Weiten des Internets und die »Spickzettel« der Rezepte zum Herunterladen.

Für Leserinnen und Leser

Ich habe mir für das Schreiben dieses Buchs Gedanken darüber gemacht, ob und wie ich die Leserinnen und Leser anspreche. Da es ein »kurz & gut« werden soll, habe ich mich letzten Endes im Interesse eines besseren Leseflusses für eine vielleicht traditionelle, aber, wie ich meine, schlanke, kurze und prägnante Schreibweise entschieden. Wenn ich also zum Beispiel »Teilnehmer« schreibe, sind immer Teilnehmerinnen und Teilnehmer gemeint. Ich hoffe, dass die Leserinnen dieses Buchs mir diese Vereinfachung nachsehen.

KAPITEL 1

Schnellstart

Nun kann es sofort mit der praktischen Arbeit als Moderator/Facilitator einer Retrospektive losgehen. Nach einer kurzen Vorstellung der beiden Grundregeln werden Sie Schritt für Schritt durch eine Keep-Drop-Try-Retrospektive geführt. Viel Erfolg bei Ihren ersten praktischen Erfahrungen!

Zwei Grundregeln

Eine der wichtigsten Voraussetzungen für eine erfolgreiche Retrospektive und eine der größten Herausforderungen für den Moderator sind das Schaffen eines geschützten Raums und einer wertschätzenden, sicheren Atmosphäre, in der sich alle Teilnehmer auf Augenhöhe begegnen können. Die *Vegas-Regel* und die *Goldene Regel* helfen dabei, diese Voraussetzungen zu schaffen. Hier ein Schnelleinstieg:

Den Aspekt des geschützten Raums unterstützt die Vegas-Regel:

> What happens in Vegas, stays in Vegas.

Sie formuliert eine gemeinsame Vereinbarung, dass alles, was während einer Retrospektive zur Sprache kommt, den Raum nicht verlässt bzw. mit niemandem geteilt wird, der nicht an der Retrospektive teilgenommen hat. Die Teilnehmer erlegen sich eine Verschwiegenheitsverpflichtung auf, die nur durch gemeinsame Abstimmung teilweise oder ganz aufgehoben werden kann – wenn zum Beispiel Details offengelegt werden müssen, um bei Problemen Unterstützung von außen zu bekommen.

Die auf Retrospektiven bezogene deutsche Übertragung der Vegas-Regel [Andresen 2014] liest sich so:

> Alles, was wir besprechen, bleibt bei denen, die jetzt hier sind. Es sei denn, wir vereinbaren gemeinschaftlich am Ende der Retrospektive eine Öffnung.

Für den wertschätzenden Aspekt formuliert die *Prime Directive* für Retrospektiven [Kerth 2001] in wenigen Worten eine entscheidende Grundlage:

> Regardless of what we discover, we understand and truly believe that everyone did the best job they could, given what they knew at the time, their skills and abilities, the resources available, and the situation at hand.

Eine deutsche Übersetzung findet man als Goldene Regel bei [Koschek 2013]:

> Ganz egal, was wir entdecken werden: Wir glauben zutiefst, dass jede(r) nach besten Kräften gearbeitet hat, wenn man den aktuellen Wissensstand, die Fähigkeiten und Fertigkeiten, die verfügbaren Ressourcen und die derzeitige Situation zugrunde legt.

Indem davon ausgegangen wird, dass jeder sein Möglichstes getan hat, können Probleme zur Sprache gebracht und kann Kritik geäußert werden, ohne dass damit Schuldzuweisungen verbunden werden. Eher wird zu einem konstruktiven Herangehen angeregt: Probleme werden zu Herausforderungen und Fehler zu Verbesserungs- und Lernoptionen.

TIPP

Schreiben Sie beide Regeln zum Beispiel auf Flipchart-Blätter und hängen Sie diese gut sichtbar im Raum auf.

Aus den oben genannten Gründen ist es hilfreich, zu Beginn einer Retrospektive alle Teilnehmer noch einmal auf die Vegas-Regel und die Goldene Regel einzustimmen und an die beschriebene »Schweigepflicht« zu erinnern, sodass sich der Raum für eine konstruktive Auseinandersetzung öffnet.

Und nun wird es Zeit für die erste eigene Retrospektive.

Rezept 1: Keep-Drop-Try

Für 7 Teilnehmer

Vorbereitungszeit: ca. 20–30 Minuten

Durchführungszeit: 90 Minuten (Timebox)

Keep-Drop-Try ist aus meiner Perspektive ein leicht verständliches und schnell zu vermittelndes Vorgehen, um über die Ereignisse eines zurückliegenden Zeitabschnitts zu reflektieren und Erkenntnisse für das künftige Vorgehen abzuleiten. Deshalb habe ich es für den Einstieg in eine erste eigene Retrospektive ausgewählt.

Diese Form der Retrospektive stellt drei Fragen zum Prozess:

> **Frage 1**: Was wollen wir von dem, was wir bisher gemacht haben, beibehalten? (Keep)
>
> **Frage 2**: Was von all dem, was wir bisher gemacht haben, wollen wir vermeiden, da es so nicht funktioniert hat? (Drop)
>
> **Frage 3**: Was wollen wir ausprobieren, um an unserem bisherigen Vorgehen etwas zu verändern? (Try)

Zutaten

- 1 Raum mit Stühlen, gegebenenfalls Tischen und ausreichend Platz, um gemeinsam vor einem Flipchart zu stehen und zu arbeiten
- Flipchart, Flipchart-Blätter und Flipchart-Stifte
- Ausreichend Klebezettel (z. B. 76 x 76 mm groß, am besten Super-Sticky-Post-its), ca. 25 Zettel je Teilnehmer
- 7 Stifte (für jeden Teilnehmer einen, z. B. schwarze Faserschreiber, die ein gutes Schriftbild ermöglichen, nicht verschmieren und schnell trocknen)
- Klebeband (z. B. Malerkrepp), um die Flipchart-Blätter an den Wänden zu befestigen und, falls erforderlich, für Namensschilder

- 1 Uhr (z. B. Time Timer, Timer-App auf einem Smartphone oder Tablet, eine Sanduhr ...), um die Timeboxen zu bemessen
- Etwas zum Naschen (was die Teilnehmer mögen)

TIPP

Gewöhnlich sind Meetings eher unpersönlich. Machen Sie aus der Retrospektive ein besonderes Meeting, indem Sie etwas zu Essen mitbringen. Das kann Kuchen sein, frisches Obst, Kekse, Schokolade oder Gummibären – finden Sie heraus, was gut ankommt. Ihre Teilnehmer werden es lieben.

Agenda

Aktivität	Länge
Begrüßung und Einführung	10 min
Daten sammeln (Keep-Drop-Try)	15 min
Diskussion/Analyse	20 min
Maßnahmen/Verantwortlichkeiten	20 min
Abschluss	15 min
Reserve	10 min
Gesamt	**90 min**

Vorbereitung

- Den Raum vorbereiten, gegebenenfalls so umräumen, dass ausreichend Platz zum Arbeiten vor dem Flipchart ist. Auf dem Tisch die Klebezettel, die Stifte und das Naschwerk arrangieren.
- Die Vegas-Regel (Abbildung 1-1) und die Goldene Regel (Abbildung 1-2) (gut lesbar) auf Flipchart-Blätter schreiben und deutlich sichtbar im Raum aufhängen.
- Ein Begrüßungs-Flipchart-Blatt schreiben/zeichnen (z. B. »Herzlich willkommen!« oder »Willkommen«).

- Die Agenda auf ein Flipchart-Blatt übertragen.
- Je ein Flipchart-Blatt mit »Keep«, mit »Drop« und mit »Try« beschriften und nebeneinander an der Wand aufhängen (Abbildung 1-3).

  Alternative 1: Ein Flipchart-Blatt in Form eines Sterns in drei gleich große Bereiche unterteilen und diese dann mit »Keep«, »Drop« und »Try« beschriften (Abbildung 5-1). Möglicher Nachteil: verhältnismäßig wenig Platz zum Ankleben von und Arbeiten mit Klebezetteln.

  Alternative 2: Wenn ein Whiteboard (eine Weißwandtafel) zur Verfügung steht, einen großen, in drei gleiche Segmente unterteilten Kreis zeichnen und die Segmente mit »Keep«, »Drop« und »Try« beschriften.
- Ein Flipchart-Blatt mit »Maßnahmen« beschriften (Abbildung 1-4).

Zubereitung

Begrüßung und Einführung

1. Begrüßen Sie die Teilnehmer zur Retrospektive und danken Sie ihnen (im Voraus) für ihre Zeit und das Engagement, das sie in das Meeting einbringen. Sagen Sie noch einmal ganz kurz, worum es in einer Retrospektive geht und wie lange das Meeting dauern wird.

Beispiel: »In den kommenden 90 Minuten wollen wir gemeinsam auf die letzte Iteration unseres Projekts zurückschauen und herausarbeiten, was uns gut gelungen ist und an welchen Stellen wir in Zukunft noch besser werden können.«

2. Bitten Sie reihum jeden, mit maximal drei Worten zu sagen, wie er sich gerade fühlt. Geben Sie ein paar Beispiele (neugierig, froh, müde, energiegeladen, angespannt ...). Bieten Sie Teilnehmern, die sich nicht zu ihrer aktuellen Stimmung äußern möchten, ein »Ich passe« an. Achten Sie nun darauf, dass jeder etwas sagt, es aber möglichst nicht mehr als drei Worte werden.

3. Stellen Sie dann Ihre Agenda vor und erklären Sie kurz und knapp, was Sie für die verbleibende Zeit planen.

4. Erinnern Sie, bevor Sie mit dem Datensammeln beginnen, alle Teilnehmer noch einmal an die Vegas-Regel – also daran, dass alles, was besprochen wird, in diesem Raum bleibt (siehe Abbildung 1-1). Weisen Sie anschließend auf die Goldene Regel hin (Abbildung 1-2). Erläutern Sie kurz, was das für die Retrospektive bedeutet.

Abbildung 1-1: Flipchart-Blatt mit der Vegas-Regel

Abbildung 1-2: Flipchart-Blatt mit der Goldenen Regel

Beispiel: »Bevor wir nun gemeinsam zusammentragen, was uns aus der letzten Iteration unseres Projekts in Erinnerung geblieben ist, möchte ich gern jeden noch einmal daran erinnern, dass alles, was hier besprochen wird, auch in diesem Raum bleibt. Wenn es beispielsweise zur Beseitigung von Hindernissen nötig ist, einzelne Themen nach außen zu kommunizieren, sollten wir uns darüber zumindest kurz abstimmen. Außerdem möchte ich euch auf die Goldene Regel hinweisen und daran erinnern, dass wir, ganz gleich, was wir heute herausfinden, überzeugt sind, dass jeder unter den gegebenen Bedingungen sein Bestes gegeben hat. Das gilt sowohl für alle Anwesenden als auch für jeden anderen, mit dem wir rund um unser Projekt in den letzten Tagen und Wochen zu tun hatten.«

Daten sammeln

5. Leiten Sie nun zu Keep-Drop-Try über, indem Sie den Teilnehmern kurz den Ablauf der nächsten Phase erklären. Nennen Sie die mit den Begriffen verbundenen Fragen (Was wollen wir beibehalten? Was wollen wir vermeiden? Was wollen wir ausprobieren?). Lassen Sie dann die Teilnehmer – jeden für sich – in einer Timebox von fünf Minuten auf Klebezettel schreiben und sammeln, was sie mit Blick auf den Betrachtungszeitraum in Zukunft behalten, vermeiden oder einmal ausprobieren wollen. Sollten Sie nach einiger Zeit bemerken, dass niemand mehr sichtbar nachdenkt oder schreibt, können Sie noch einen Augenblick warten, kurz nachfragen und dann die Timebox gegebenenfalls vorfristig beenden.

TIPP

Erinnern Sie die Teilnehmer noch einmal daran, gut lesbar zu schreiben. Obwohl offensichtlich, ist dieser Grundsatz nicht immer selbstverständlich.

Alternative von Raimon Dworack: Sie können die Teilnehmer auch bitten, in Druckbuchstaben zu schreiben. Das kann Wunder wirken.

---

6. Im nächsten Schritt tragen Sie die erarbeiteten Daten zusammen. Ein Teilnehmer nach dem anderen klebt seine Zettel unter die entsprechenden Rubriken (siehe Abbildung 1-3) und erläutert kurz, was mit den oft nur zwei bis fünf Worten gemeint ist, die auf dem Zettel stehen. Vermeiden Sie, dass jetzt bereits diskutiert wird, und achten Sie darauf, dass jeder die Gelegenheit bekommt, seine Themen kurz vorzutragen. Bitten Sie die Teilnehmer, Zettel mit gleichlautenden oder verwandten Themen zusammenzuhängen/zu clustern. Das spart später Zeit.

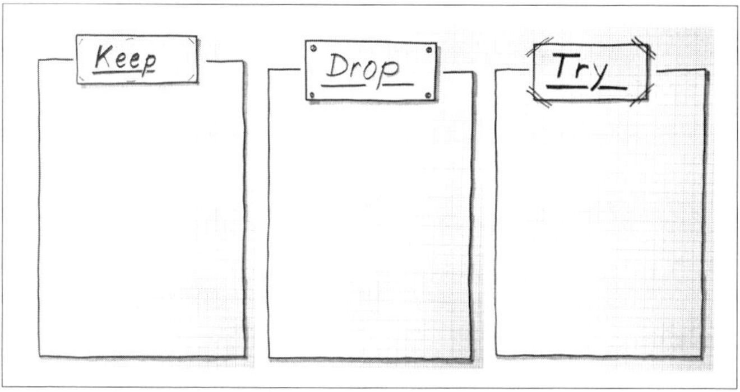

Abbildung 1-3: Vorbereitete Flipchart-Blätter Keep, Drop und Try

Diskussion/Analyse

7. Bitten Sie nun alle Teilnehmer, sich um die Flipchart-Blätter mit den Ergebnissen zu versammeln und gemeinsam die Gruppierung der Themen noch einmal zu überprüfen. Unterstützen Sie die Gruppe, indem Sie wenn nötig die Zuordnung einzelner Zettel hinterfragen oder – als Frage formuliert (*Beispiel:* »Könnte dieser Zettel vielleicht auch gut zu diesem Thema passen?«) – eigene Vorschläge zur Gruppierung einbringen.

8. Beginnen Sie bei »Keep« – das sind in der Regel die positiven Dinge und die Erfolge, die sich im Laufe des Betrachtungszeitraums eingestellt haben. Ziehen Sie Kreise um die Cluster und finden Sie gemeinsam dazu passende Überschriften. Fragen Sie nach, wie sich das eine oder andere Thema vielleicht verstärken lässt, um noch mehr positives Potenzial zu entfalten. Geben Sie dann der Gruppe noch einen Augenblick Zeit, um die positiven Aspekte wirken zu lassen.

9. Wenden Sie sich im nächsten Schritt den »Drop«- und »Try«-Themen zu und verfahren Sie analog. Ziehen Sie Kreise um die Zettelcluster und finden Sie passende Überschriften. Untersuchen Sie mit der Gruppe, welche Verbindungen es vielleicht zwischen »Drop«- und »Try«-Themen gibt. Geben Sie Raum für Diskussionen, hören Sie gut zu und fassen Sie hin und wieder zusammen, was Sie verstanden haben.

Beispiel: »Es hörte sich für mich eben so an, als könnte man das auch mit ›Mehr Transparenz‹ überschreiben.« oder »Wenn ich euch richtig verstehe, geht es dabei vor allem um die mangelhafte Qualität.«

Arbeiten Sie so die Schlüsselthemen heraus. Führt die Diskussion zu weit vom Thema weg, holen Sie die Gruppe wieder zurück. Sorgen Sie dafür, dass jeder gehört wird. Fragen Sie gezielt auch zurückhaltende Teilnehmer nach ihrer Meinung. **Behalten Sie die Uhr im Blick!**

Maßnahmen/Verantwortlichkeiten

10. Maßnahmen: Bevor Sie beginnen, neue Maßnahmen zu formulieren, schauen Sie erst einmal mit den Teilnehmern auf die Maßnahmen der letzten Retrospektive. Bewerten Sie kurz gemeinsam, ob das gewünschte Ergebnis oder Ziel erreicht werden konnte. Welche Maßnahmen sind erledigt? Welche sollten gegebenenfalls fortgeführt werden? Schreiben Sie Letztere auf Ihr Flipchart-Blatt »Maßnahmen« (Abbildung 1-4). Prüfen und übernehmen Sie dabei auch den Verantwortlichen!

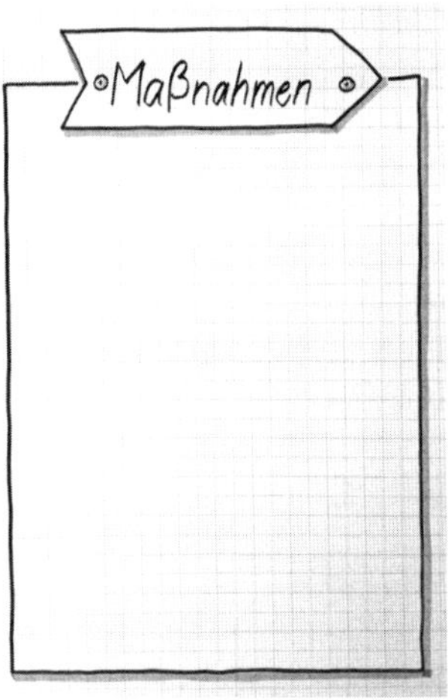

Abbildung 1-4: Flipchart-Blatt »Maßnahmen«

11. Schauen Sie nun, welche Maßnahmen und Experimente Sie unter »Try« bereits gemeinsam erarbeitet haben. Priorisieren Sie mit der Gruppe und einigen Sie sich darauf, welche davon bis zur nächsten Retrospektive umgesetzt werden sollen und können. Erfahrungsgemäß sollten das insgesamt (inklusive der bereits aus der vorhergehenden Periode übernommenen) nicht mehr als drei bis vier Maßnahmen sein.

TIPP

Um schnell zu einer Priorisierung zu kommen, können Sie ein einfaches Voting nutzen: Jeder Teilnehmer verteilt mit einem Stift insgesamt drei Striche auf die Maßnahmen – auch mehrere bei einer Maßnahme sind möglich. Bitten Sie die Gruppe darum, dass jeder auf diese Weise die für ihn wichtigsten Maßnahmen kennzeichnet.

---

12. Übertragen Sie die wichtigsten Maßnahmen auf Ihr Flipchart-Blatt »Maßnahmen« und legen Sie dabei gemeinsam fest, wer die Verantwortung für die Umsetzung übernimmt. Schreiben Sie den Namen an die Maßnahme. Vereinbaren und notieren Sie, wenn das möglich ist, auch gleich einen Termin.

Abschluss

13. Weisen Sie noch einmal kurz auf die Ergebnisse hin und bringen Sie zum Ausdruck, dass Sie sicher sind, dass die Gruppe einen Schritt vorangekommen ist. Bedanken Sie sich bei den Teilnehmern für das fokussierte und konstruktive Arbeiten. Danach ist es Zeit, etwas für Ihre Arbeit als Moderator zu lernen. Auch Sie wollen ja schließlich immer besser werden, oder? Erklären Sie das kurz den Teilnehmern und bitten Sie dann jeden um ein kurzes Feedback (zwei bis drei Sätze) zur Retrospektive.

Wichtig: Hören Sie einfach nur aufmerksam zu und nehmen Sie die Anregungen auf. Auf keinen Fall widersprechen oder rechtfertigen!

TIPP

Eine solche Feedbackrunde kommt unter Umständen schneller in Gang, wenn Sie einen Jonglierball oder etwas ähnlich Geeignetes gezielt einem Teilnehmer zuwerfen. Wenn Sie es einschätzen können, wählen Sie als ersten Sprecher jemanden aus, der voraussichtlich wirklich nur zwei bis drei Sätze spricht. Erfahrungsgemäß orientieren sich alle folgenden an dieser »Vorgabe«. Bitten Sie die Teilnehmer, den Ball weiterzugeben und darauf zu achten, dass jeder zu Wort kommt.

14. Am Ende der Runde bedanken Sie sich noch einmal für das wertvolle Feedback und können dann zum Beispiel selbst zum Ausdruck bringen, dass Ihnen die Zusammenarbeit viel Freude bereitet hat. Schließen Sie nun die Retrospektive – vielleicht indem Sie die Teilnehmer bitten, Ihnen beim Aufräumen behilflich zu sein – und verabschieden Sie sich.

Glückwunsch! Sie haben Ihre erste Retrospektive moderiert!

15. Das Flipchart-Blatt mit den erarbeiteten Maßnahmen ist das wichtigste Ergebnisdokument des Meetings. Verschönern Sie es gegebenenfalls noch etwas und hängen Sie es dann an gut sichtbarer Stelle auf. So haben alle Teilnehmer beständig vor Augen, was sie bis zur nächsten Retrospektive verändern oder erproben wollen.

TIPP

Wenn Sie diese Form der Retrospektive ein- oder mehrmals erfolgreich moderiert haben, versuchen Sie doch einmal eine Erweiterung um *More of* und *Less of*.

Die beiden zusätzlichen Fragen lauten:

- Wovon wollen wir künftig mehr machen, was wollen wir verstärken (*More of*)?
- Wovon wollen wir künftig weniger machen, was soll geringer dosiert werden (*Less of*)?

Beobachten Sie, was sich verändert.

Spickzettel

Begrüßung und Einführung

- Teilnehmer begrüßen
- Ziel der Retro und Dauer
- Aktivität: aktuelle Stimmung (maximal drei Worte)
- Agenda vorstellen
- Vegas-Regel und Goldene Regel

Daten sammeln

- Keep-Drop-Try einführen und kurz erläutern
- Timebox 5 Minuten – Zettel (lesbar!) schreiben
- Zettel kleben und erläutern (gruppieren/clustern!)

Diskussion/Analyse

- Gemeinsam die Gruppierung der Zettel prüfen und gegebenenfalls verändern
- Bei »Keep« die positiven Aspekte besprechen und wirken lassen
- »Drop« und »Try«: Cluster einkreisen, hinterfragen, Überschriften suchen
- Auch zurückhaltende Teilnehmer einbeziehen (**Uhr im Blick behalten!**)

Maßnahmen/Verantwortlichkeiten

- Kontrolle der Maßnahmen der letzten Retrospektive
- Fortzuführende Maßnahmen gegebenenfalls übernehmen
- Neue Maßnahmen herausarbeiten und priorisieren
- Wichtigste Maßnahmen auf Flipchart übernehmen
- Verantwortlichkeiten festlegen

…uss

- Kurz auf die Ergebnisse verweisen
- Vegas-Regel: Öffnung?
- Dank für Zusammenarbeit und investierte Zeit
- Kurze Retrospektive zur Retrospektive
- Dank für Feedback und kurze Erwiderung
- Verabschieden und Ende
- Flipchart-Blatt »Maßnahmen« omnipräsent aufhängen!

KAPITEL 2

Einsteigen

»In regelmäßigen Abständen reflektiert das Team, wie es effektiver werden kann, und passt sein Verhalten entsprechend an.«

[AgileManifesto-Principles]

Was ist eine Retrospektive?

Das Wort Retrospektive stammt vom lateinischen *retrospectare* ab, was so viel wie *zurückblicken* bedeutet. Eine Retrospektive ist also im Allgemeinen ein Rückblick. [Wikipedia 01]

Jeder von uns blickt hin und wieder zurück auf das Gewesene – zum Beispiel auf das vergangene Lebensjahr, das vergangene Jahr, seine Schul- oder Studienzeit, Phasen in Beruf oder Beziehung oder einfach nur auf einen schönen Urlaub. Manchmal mit etwas Wehmut, ein anderes Mal vielleicht traurig oder trotzig, in der Mehrzahl der Fälle hoffentlich stolz.

In der bildenden Kunst ist die Retrospektive eine Kunstausstellung, die einen Überblick über eine oder mehrere Schaffensphasen, einen spezifischen Aspekt oder das Gesamtwerk eines Künstlers vermittelt. Im Bereich des Films versteht man darunter eine möglichst umfassende Filmreihe zum Werk eines Filmregisseurs, Filmschauspielers oder anderer Filmschaffender, zur Filmkunst einer bestimmten Epoche oder eines bestimmten Genres [Wikipedia 01]. In der Musik sind posthum »Best of«-Alben manchmal Retrospektiven.

Im Allgemeinen geht es in Retrospektiven also lediglich um den Rückblick auf das Gewesene – ein vergangenes Leben, ein vergangenes Jahr, eine vergangene Schaffensperiode.

In diesem Buch sollen Retrospektiven in einem weiteren Sinne verstanden und eingesetzt werden. Dem klassischen Rückblick wird ein in die Zukunft gerichtetes Moment hinzugefügt. Der Blick auf das Gewesene wirkt sich auf das Kommende aus und sorgt so für (positive) Veränderungen. Der Rückblick wird zur Lernerfahrung für Gegenwart und Zukunft.

Wozu Retrospektiven?

Eine der Fragen, die man als Coach sich und anderen häufiger stellen kann, ist: »Wozu ist das gut?«. Also: Wozu sind Retrospektiven gut?

Einen ersten ausgezeichneten Hinweis bekommen wir hier geliefert:

»Hier kommt nun Eduard Bär die Treppe herunter, rumpeldipumpel, auf dem Hinterkopf, hinter Christopher Robin. Es ist dies, soweit er weiß, die einzige Art, treppab zu gehen, aber manchmal hat er das Gefühl, als gäbe es in Wirklichkeit noch eine andere Art, wenn er nur mal einen Augenblick lang mit dem Gerumpel aufhören und darüber nachdenken könnte. Und dann hat er das Gefühl, dass es vielleicht keine andere Art gibt. Jedenfalls ist er jetzt unten angekommen [...]. Winnie-der-Pu.« [Milne 2009]

Jedes Mal, wenn ich diese Zeilen lese, frage ich mich, wie oft ich wohl schon – rumpeldipumpel (im metaphorischen Sinne) – derart die Treppe heruntergekommen bin.

In der systemischen Beratung und Therapie finden sich zwei simple Grundsätze, die auch auf die Arbeit in Projekten zutreffen: »Wenn du weißt, was funktioniert, mach mehr davon.« und: »Wenn etwas nicht funktioniert, hör auf damit. Mach etwas ander(e)s.« [Hargens 2009]. Wenn wir zurückblicken, können wir uns fragen: Was hat funktioniert? Wovon wollen wir künftig mehr machen? Was wollen wir verstärken? Und was hat nicht oder nur bedingt funktioniert? – und uns dann entscheiden, es ganz zu lassen oder es vielleicht in veränderter, angepasster Form beim nächsten Mal erneut zu probieren.

Indem wir auf das Gewesene zurückschauen und darüber reflektieren, in welche der beiden Kategorien das eine oder andere Ereignis fällt, erhalten wir die Chance, zu lernen und Veränderungen vorzunehmen. Eine derartige Suche nach Verstärkungs- und Verbesserungspotenzialen ist die Retrospektive. Und indem es darum geht, mit den Erfahrungen aus der Vergangenheit in Zukunft etwas zu verändern, entsteht eine andere Form von Retrospektive, die über einen reinen Rückblick oder die Rückschau (weit) hinausgeht.

Und: Retrospektiven sind keine Kuschelmeetings. Ziel ist es, voneinander und füreinander zu lernen. Kritik muss offen geäußert und unangenehme Wahrheiten ausgesprochen werden (können). Das schließt auch Gefühle und Empfindungen ein. Dabei hilft eine geschützte und wertschätzende Atmosphäre.

Retrospektiven dienen also auch dem »Schärfen der Säge« (siehe weiter unten: »Der Waldarbeiter und seine Säge«). Nehmen wir uns diese Zeit, um zurückzublicken und zu lernen, denn sonst ergeht es uns immer wieder wie Pu dem Bären, der hier die Treppe auf eben die Art wieder hinaufgeht, auf die er anfangs heruntergekommen ist:

»Er seufzte ganz tief, hob den Bären am Bein auf und ging zur Tür, wobei er Winnie-den-Pu hinter sich herzog. [...] und einen Augenblick später hörte ich Winnie-den-Pu – rumpeldipumpel –, wie er hinter ihm die Treppe hinaufging.« [Milne 2009]

Von post mortem zu kontinuierlicher Verbesserung

Unbestritten ist es ungeheuer wichtig und nützlich, nach Abschluss eines Projekts zurückzublicken und darüber zu reflektieren, womit man erfolgreich gewesen ist und an welchen Stellen und wodurch der Erfolg und der Fortgang des Projekts behindert, verzögert, gestört oder gar gefährdet wurden. Daraus lassen sich Maßnahmen und »Lessons Learned« ableiten und dokumentieren, um in künftigen Projekten anders zu agieren.

Dieses Wissen, so wertvoll es ist, ist jedoch für das Projekt, aus dessen Kontext es stammt, verloren. Und höchstwahrscheinlich ist das nachfolgende Projekt anders aufgesetzt und strukturiert, sodass sich die Erfahrungen nicht ohne Weiteres übertragen lassen. So beginnt der Weg ins Vergessen. Genau betrachtet, sind Erfahrungen, die post mortem aus anderen Projekten gewonnen wurden und nun übertragen werden sollen, vergleichbar mit den guten Vorsätzen, die man am Beginn eines Jahres fasst – sei es, mehr Sport zu treiben, gesünder zu essen, weniger oder nicht mehr zu rauchen oder vielleicht sich mehr Zeit für Familie und Freunde zu nehmen, statt permanent in der Arbeit zu versinken. Selten überleben diese gut gemeinten und ehrgeizigen Initiativen den Januar. Schaffen sie es doch, liegt es in der Regel daran, dass ihnen eine hohe Dringlichkeit innewohnt und dass sie nachgehalten werden, dass immer wieder über den Stand der Umsetzung reflektiert wird, gegebenenfalls Veränderungen und Neuausrichtungen an Umfang und Zielsetzung vorgenommen werden und so nahezu unbemerkt eine kontinuierliche Anpassung des Vorhabens an die aktuellen Gegebenheiten erfolgt.

Richtig interessant sind so gesehen Retrospektiven in Projektkontexten dann, wenn man sie nutzt, um bereits *im* laufenden Projekt *für* das laufende Projekt zu lernen. Das bedeutet, viel früher mit den Retrospektiven zu beginnen und sie in regelmäßigen Abständen zu wiederholen. Darüber hinaus ist es wichtig, die identifizierten Maßnahmen mit konkreten Terminen und Verantwortlichkeiten zu versehen und nachzuhalten. Spätestens in der nächsten Retrospektive sollte überprüft werden, wie weit die Umsetzung vorangeschritten ist und welche Effekte die damit initiierten Veränderungen auslösen. Das bedeutet zum Beispiel, dass während einer Retrospektive ein Experiment auf Basis einer Hypothese geplant wird und in der folgenden die beobachteten Auswirkungen mit den Erwartungen abgeglichen werden. Anschließend ist Gelegenheit für

Kurskorrekturen und/oder neue Maßnahmen und Experimente auf Basis angepasster oder neuer Hypothesen. Die einzelnen Retrospektiven bauen aufeinander auf. Auf diese Weise kann sich Schritt für Schritt ein stetiger Wandel bzw. eine kontinuierliche Anpassung im Laufe des Projekts vollziehen. Und wir lernen *im* Projekt *für* das Projekt! Mit jeder Retrospektive aufs Neue.

Eine kleine Geschichte

Nachdem ich bis jetzt versucht habe, ganz sachlich zu erklären, was Retrospektiven sind und wobei sie helfen können, möchte ich zum Abschluss dieses Kapitels eine kleine Geschichte erzählen.

Storytelling, das Erzählen von Geschichten, ist eine uralte Praxis, mit der seit Tausenden von Jahren das Wissen von einer Generation an die nächste weitergegeben wird. Heute »entdeckt« man dieses Vorgehen neu und setzt es zum Beispiel ein, um Sachverhalte plastischer und lebendiger zu vermitteln und für sein Gegenüber greifbarer und verständlicher zu machen.

Hier nun meine kleine Metapher zu Retrospektiven:

Der Waldarbeiter und seine Säge

Vor einiger Zeit wurde mir die Geschichte eines Waldarbeiters erzählt. Man könnte sie beinahe für ein Märchen halten. Und alle Märchen beginnen so:

Es war einmal ein Waldarbeiter, der hatte Freude an seiner Arbeit. Deshalb machte es ihm nichts aus, in der Morgendämmerung das Haus zu verlassen und sein Tagwerk im Wald zu beginnen. Wie jeder andere Waldarbeiter hatte auch er jede Woche ein bestimmtes Quantum Holz zu sägen und zu spalten, um den Unterhalt für seine Familie zu verdienen. Anfangs bereitete ihm das kaum Mühe. Im Gegenteil. Oft war er schon am frühen Nachmittag mit der Arbeit fertig und kehrte zu Weib und Kindern nach Hause zurück. Das waren glückliche Zeiten.

Doch schon bald wurde die Arbeit beinahe unmerklich mühsamer. Sie ging nicht mehr so leicht von der Hand. Immer öfter kam er erst spätabends nach Hause, während seine Kollegen schon lange gemütlich bei einem Gläschen Blaubeerpunsch am offenen Kamin ihrer Hütten das »Hochwald-Echo« lasen.

Was hatte sich verändert? Warum musste er länger als die anderen arbeiten, um seine Ziele zu erreichen? Lange fand er keine Antwort auf diese Fragen. Und so arbeitete er Tag um Tag länger und länger, fand kaum noch Zeit für Frau und Kinder und kam nur noch zum Essen und Schlafen nach Hause.

Eines Sonntags, als er wieder einmal betrübt und nachdenklich durch das Dorf lief, traf er seinen alten Meister auf einer Bank in der Sonne und klagte ihm sein Leid. Der hörte sich alles geduldig an. Dann sagte er: »Ich weiß, dass du hart arbeiten kannst. Aber – wann hast du zum letzten Mal deine Werkzeuge gepflegt und geschärft?« »Aber dafür kann ich doch keine Zeit vergeuden. Ich muss von morgens bis abends arbeiten und ackern, um meine Arbeit zu schaffen! Sonst verhungern mir Weib und Kind. Es reicht so schon kaum noch für das Nötigste.« »Nimm dir Zeit dafür«, sprach der Alte.

»Aber ...?«, wollte der Waldarbeiter erwidern.

»Gleich morgen früh. Bevor du zur Arbeit in den Wald gehst.« Sprach's, stützte sich auf seinen Stock, schloss die Augen und wandte das Gesicht wieder der Sonne zu.

Am nächsten Morgen tat der Waldarbeiter – widerstrebend –, wie der Alte ihm geheißen hatte. Als Erstes schärfte er Säge und Axt und kontrollierte und reparierte sein übriges Werkzeug. Da er diese Aufgabe so lange vernachlässigt hatte, kostete sie ihn den ganzen Vormittag. Die Sonne hatte bereits ihren höchsten Stand überschritten, als er an diesem Tag im Wald an die Arbeit ging. Heute würde er sein Soll sicher nicht schaffen, dachte er bei sich. Und er sah auch keine Chance, die verlorene Zeit in diesem Monat jemals wieder aufzuholen.

Doch wie erstaunt war er, als das, was gestern noch anstrengend und zeitraubend war, heute wieder leicht und zügig von der Hand ging. Schon lange hatte er bei der Arbeit nicht mehr solche Freude empfunden. Es schien, als täte sie sich von selbst.

Als er abends nach Hause ging, hatte er sein Tagesziel wirklich nicht erreicht. Doch das kümmerte ihn wenig. Morgen würde er ohne Mühe den Rest erledigen. Und bis zum Ende der Woche war er mit Sicherheit wieder im Plan.

Von nun an nahm er sich an jedem Montagmorgen Zeit, seine Werkzeuge zu pflegen und zu schärfen, und hatte seitdem stets viel Freude und Erfolg bei seiner Arbeit. Und wenn er nicht gestorben ist, so lebt er noch heute und ermutigt andere Waldarbeiter, sich Zeit für die Pflege ihres Werkzeugs zu nehmen.

Die Moral von der Geschicht'

Unsere wichtigsten Werkzeuge sind unser Wissen und unser Verstand. Nehmen wir uns also neben unserer täglichen Arbeit die Zeit, unseren Verstand zu schärfen und unser Wissen zu pflegen und zu erweitern – dass wir noch lange Freude an unserer Arbeit haben und sie uns leicht und zügig von der Hand geht.

KAPITEL 3

Struktur – die fünf Phasen

Wenn Sie mit der Schnellstartoption bereits erste praktische Erfahrungen gesammelt haben, ehe Sie dieses Kapitel lesen, ist Ihnen sicher die Gliederung des Rezepts in verschiedene thematische Blöcke aufgefallen. Für Retrospektiven hat sich im Laufe der Zeit eine Grundstruktur etabliert, die sich in unzähligen Workshops und Meetings bewährt hat.

Esther Derby und Diana Larsen haben in ihrer Arbeit mit Retrospektiven die nachfolgend genannten fünf Phasen identifiziert [Derby 2006]. Für dieses Buch habe ich mich für den Gebrauch der englischen Bezeichnungen entschieden. Die in Klammern angegebenen deutschen Entsprechungen sind aus [Löffler 2014a] übernommen:

Phase 1: Set the Stage (Den Boden bereiten)

Phase 2: Gather Data (Daten sammeln)

Phase 3: Generate Insights (Einsichten gewinnen)

Phase 4: Decide what to do (Nächste Hypothesen und Experimente definieren)

Phase 5: Close the Retrospective (Abschluss)

Dieser Aufbau lässt sich beliebig skalieren. Sie können nach diesem Muster eine einstündige, halbtägige oder dreitägige Retrospektive planen. Solange Sie dabei dieser grundlegenden Struktur folgen, werden Sie mit den Teilnehmern Schritt für Schritt Ergebnisse erarbeiten. Und das unabhängig davon, wie viele und welche Aktivitäten, Methodenbausteine, Metaphern und Werkzeuge Sie zum Einsatz gebracht haben.

Im Folgenden werden die fünf Phasen und ihre Inhalte ausführlich vorgestellt.

Am Ende dieses Kapitels wird die Retrospektive in einen übergeordneten iterativen Gesamtlebenszyklus eingebettet.

Phase 1: Set the Stage

Die ersten Minuten einer Retrospektive können entscheidend für den Erfolg (oder Misserfolg) sein. Deshalb unterschätzen Sie bitte diese erste Phase nicht!

Jeden dort abholen, wo er steht

Die Teilnehmer der Retrospektive kommen aus den unterschiedlichsten Kontexten zusammen. Bis eben haben sie sich noch mit den Herausforderungen ihrer aktuellen Aufgaben herumgeschlagen, im Stau gestanden oder vielleicht einen Arzttermin vereinbart. All das ist noch in ihren Köpfen präsent und beschäftigt sie weiter. Jeder bringt seine Stimmungen und Gefühle mit in das Meeting, und vielleicht ist der eine oder andere auch der Meinung, er hätte eigentlich Besseres zu tun, als hier zu sitzen. In jedem Fall besteht die Gefahr, dass alle diese »Importe«, die eigentlich gar nichts mit dem Meeting zu tun haben, dennoch die Stimmung und das Verhalten der Teilnehmer beeinflussen.

Indem Sie in »Set The Stage« bewusst den Boden bereiten, holen Sie die Teilnehmer dort ab, wo sie gerade sind, geben ihnen die Möglichkeit, im Meeting anzukommen, und fokussieren sie auf ein gemeinsames Ziel. Deshalb ist diese Phase so wichtig und sollte nicht übergangen werden.

Begrüßung

Begrüßen Sie alle Teilnehmer recht herzlich zur Retrospektive. Gestalten Sie ein entsprechendes Flipchart-Blatt. Heißen Sie sie willkommen und danken Sie ihnen schon jetzt für ihre Zeit und das Engagement, mit dem sie zum Erfolg dieses Meetings beitragen. So erfährt jeder Einzelne früh Wertschätzung und wird positiv eingestimmt. Das setzt erwiesenermaßen kreative Potenziale frei. Und die sind wichtig, denn eine Retrospektive braucht die Offenheit und kreative Mitarbeit jedes Einzelnen.

Gehen Sie dann kurz auf das Thema, den Zeitrahmen und das Ziel der Retrospektive ein.

Beispiel: »In den kommenden 90 Minuten wollen wir gemeinsam auf die letzte Iteration unseres Projekts zurückschauen und herausarbeiten, was uns gut gelungen ist und an welchen Stellen wir in Zukunft noch besser werden können.«

Zeit ist – nicht nur im Projektalltag – etwas sehr Kostbares, und deshalb sollte jeder das Gefühl haben, dass sie hier gut investiert ist. Auch das trägt dazu bei, dass sich jeder Teilnehmer ganz auf das Kommende fokussieren und konzentriert mitarbeiten kann.

Jede Stimme zählt

Eine Retrospektive braucht die Beiträge aller Teilnehmer. Deshalb sollte sich niemand – bewusst oder unbewusst – zurückhalten. Die Erfahrung hat gezeigt, dass es hilft, jeden Teilnehmer schon sehr früh um zwei bis drei Worte zu bitten. Damit steigt die Wahrscheinlichkeit erheblich, dass derjenige sich auch in der Folge aktiv in die Diskussion einbringen wird. In einer Runde, in der sich die Teilnehmer kaum kennen, kann man zum Beispiel einfach darum bitten, dass jeder reihum seinen Namen nennt. Oder Sie bitten die Teilnehmer, eine Metapher zu finden, die den Zeitabschnitt, um den es in der Retrospektive gehen soll, gut beschreibt. Ganz gleich, was Ihnen einfällt – bieten Sie Teilnehmern, die sich nicht äußern möchten, ein »Ich passe« an. Achten Sie dann darauf, dass jeder etwas sagt, es aber möglichst nicht mehr als drei Worte werden. Warum? Es ist eine ganz einfache Rechnung: Selbst wenn jeder von beispielsweise zehn Teilnehmern nur eine halbe Minute spricht, dauert die Runde bereits fünf Minuten! Deshalb also – kurz und knapp.

Beispiel: »Stellt euch vor, unsere letzte Iteration wäre ein Wasserfahrzeug. Mit ein bis zwei Worten: Welcher Typ kommt euch da in den Sinn? Vielleicht Fischkutter, Luxusjacht, Paddelboot?« – »Altes oot.«, »Wassertreter.«, »Ruderboot ... Riemenachter.«, .«,»Feuerlöschboot.«, »Hansekogge.« – »Sehr interessant. Danke.«

Es steht Ihnen frei, die Einschätzungen in einer späteren Phase der Retrospektive wieder aufzugreifen. Im Augenblick sollten Sie sie unkommentiert einfach so stehen lassen. Sie haben Ihr Ziel erreicht. Jeder in der Runde hat kurz etwas gesagt und sich bereits gedanklich mit dem Anliegen der Retrospektive auseinandergesetzt, um eine passende Metapher zu finden.

Vereinbarungen

Häufig formulieren Teams für sich selbst eigene »Regeln für die Zusammenarbeit«. Überprüfen Sie an dieser Stelle gemeinsam mit den Teilnehmern kurz dieses kleine Regelwerk. Braucht es eine neue Regel? Oder muss eine bestehende erweitert oder angepasst werden? Dazu sollten diese Vereinbarungen, zum Beispiel auf einem Flipchart-Blatt, gut sichtbar im Raum aufgehängt sein.

Gibt es dieses kleine Regelwerk noch nicht, lohnt es sich, jetzt Zeit zu investieren, um in künftigen gemeinsamen Meetings darauf zurückkommen zu können. Es geht dabei nicht darum, einen globalen Wertekanon festzuschreiben, sondern vielmehr, sich darüber zu verständigen, was für die ganz konkrete Zusammenarbeit unmittelbar hilfreich sein kann.

Ein solch kleines Set an gemeinsamen Vereinbarungen zu erarbeiten, kann einmalig 10 bis 15 Minuten in Anspruch nehmen. Vielleicht haben die Teilnehmer bereits in einem anderen Zusammenhang Regeln für ihr Miteinander erarbeitet, die geringfügig angepasst für Retrospektiven und andere Meetings übernommen werden können? Fragen Sie nach. Auf ein Flipchart-Blatt geschrieben oder großformatig gedruckt, kann dieses kleine Regelwerk in jedes kommende Meeting mitgenommen und omnipräsent aufgehängt werden.

TIPP

Die »Regeln für die Zusammenarbeit« gehören den Teilnehmern. Es sind ihre Regeln.

Bitten Sie die Teilnehmer, selbst die Einhaltung der getroffenen Vereinbarungen zu überwachen. Das schafft Ihnen Freiräume für die Moderation.

Mehr zu diesem Thema finden Sie in Kapitel 5, Abschnitt »Sich selbst Regeln geben« auf Seite 106.

Die zwei Grundregeln

Bevor Sie nun in die nächste Phase der Retrospektive übergehen, ist es wichtig, die Teilnehmer noch einmal an die zwei *grundlegenden Regeln* für Retrospektiven zu erinnern. Bis zu diesem Punkt des Meetings haben Sie die Teilnehmer da abgeholt, wo sie gerade waren, und Schritt für Schritt in die Retrospektive hineingeführt. Nun soll der geschützte Raum für die kommenden Auseinandersetzungen geöffnet werden. Jeder Teilnehmer soll sich dessen bewusst sein, welche elementaren Werte die Basis für die Zusammenarbeit in diesem Raum (physisch wie metaphorisch) bilden.

Beide Grundregeln wurden bereits in Kapitel 1, *Schnellstart*, eingeführt und werden in Kapitel 5, *Facilitieren*, ab Seite 92 noch einmal ausführlicher behandelt. Deshalb wird hier – der Vollständigkeit halber – nur kurz und knapp auf sie eingegangen.

Die Vegas-Regel

> What happens in Vegas, stays in Vegas.

... oder in der deutschen Übertragung in den Kontext von Retrospektiven [Andresen 2014]:

> Alles, was wir besprechen, bleibt bei denen, die jetzt hier sind. Es sei denn, wir vereinbaren gemeinschaftlich am Ende der Retrospektive eine Öffnung.

egel bildet die Grundlage für das Vertrauen, Dinge
u können, die nicht für jedermanns Ohren bestimmt
vereinbart, dass alles, was während der Retrospektive
besprochen wird, einer Schweigepflicht unterliegt, die nur gemeinsam aufgehoben werden kann.

Die Goldene Regel (Prime Directive)

> Regardless of what we discover, we understand and truly believe that everyone did the best job they could, given what they knew at the time, their skills and abilities, the resources available, and the situation at hand.

... oder in deutscher Übersetzung [Koschek 2013]:

> Ganz egal, was wir entdecken werden: Wir glauben zutiefst, dass jede(r) nach besten Kräften gearbeitet hat, wenn man den aktuellen Wissensstand, die Fähigkeiten und Fertigkeiten, die verfügbaren Ressourcen und die derzeitige Situation zugrunde legt.

Diese zuerst von Norman Kerth formulierte Prime Directive für Retrospektiven [Kerth 2001] bildet die Basis für den wertschätzenden und konstruktiven Umgang miteinander und mit den Problemstellungen. Sie ermöglicht es, sich auf Augenhöhe zu begegnen, Unbequemes anzusprechen und nach Verbesserungspotenzialen zu forschen, statt in gegenseitigen Schuldzuweisungen zu versinken.

TIPP

Schreiben Sie diese Regeln gut lesbar auf Flipchart-Blätter oder drucken Sie sie großformatig aus.

Hängen Sie beide dann deutlich sichtbar im Raum auf.

Wer spart, zahlt drauf

Wie knapp auch immer Ihre Zeit bemessen sein mag – bereiten Sie diese Phase der Retrospektive gut vor und geben Sie den Teilnehmern und sich ausreichend Zeit, im Meeting anzukommen. Die 3, 5 oder 10 Minuten, die Sie an dieser Stelle vermeintlich einsparen, zahlen Sie unter Umständen im Laufe der Arbeit doppelt und dreifach zurück. Sorgen Sie für eine vertrauensvolle, offene, wertschätzende und geschützte Atmosphäre, die es den Teilnehmern ermöglicht und sie dazu einlädt, auch heikle Themen zur Sprache zu bringen und zu diskutieren.

Phase 2: Gather Data

Nun geht es darum, das Wissen aller Teilnehmer über den Betrachtungszeitraum zusammenzutragen und ein gemeinsames Bild zu kreieren. Vielleicht war nicht jeder die gesamte Zeit dabei oder in alles involviert. Dann hat er vielleicht etwas Wesentliches verpasst. Dass ein Teilnehmer zwei Tage nicht im Projekt war, erscheint erst einmal nicht viel. Schauen Sie in der Retrospektive jedoch auf einen Zeitraum von nur zwei Wochen zurück, so hat er dadurch 20 Prozent aller relevanten Ereignisse und Interaktionen verpasst. Und selbst wenn Teilnehmer die ganze Zeit anwesend waren, nehmen sie nicht immer alles wahr. Ihre Rollen, Positionen und Perspektiven unterscheiden sich in jedem Moment.

Hinzu kommt, dass unsere Gehirne filtern und vergessen. Und so behält jeder Mensch neben den großen Highlights ganz individuell weitere kleine, scheinbar nebensächliche Dinge in Erinnerung.

Die Frage macht's

Welche Daten zusammengetragen werden, wird maßgeblich davon bestimmt, wie die Aufforderung dazu formuliert wird. Ein eher offenes »Was war gut?« oder »Was wollen wir verändern?« wird mit Sicherheit zu anderen Ergebnissen führen als zum Beispiel die Konzentration auf das Verhältnis von geplanten und gelieferten Features innerhalb der letzten Iterationen, auf die Auslieferung der letzten Produktversion oder auf die Fehlerstatistiken, die Sie im Raum ausgehängt haben. Mit der Wahl eines Themas für die Retrospektive können Sie den Datenraum ausweiten oder einschränken und somit bereits in dieser Phase den Fokus für die weitere Arbeit setzen oder verschieben. Bedenken Sie das schon bei der Vorbereitung der Retrospektive.

Den Betrachtungszeitraum rekonstruieren

Handelt es sich um einen verhältnismäßig kurzen Zeitraum und eine kleine Gruppe, können die Teilnehmer einfach in der Runde erzählen, was ihnen in Erinnerung geblieben ist. Damit werden bei allen die Erinnerungen aufgefrischt.

Eine weitere Möglichkeit, die sehr schnell zu einer Zusammenführung der Perspektiven aller Teilnehmer führt, ist das Erstellen einer einfachen Timeline. Dazu spannen Sie auf einem Flipchart-Blatt oder einem Whiteboard – zum Beispiel mit »Start«- und »Ende«-Markierungen oder dem Start- und Enddatum – einen Zeitstrahl über den Betrachtungszeitraum auf.

TIPP

Je nach Länge des betrachteten Zeitraums kann es hilfreich sein, Zwischenmarkierungen zu setzen, zum Beispiel für die Wochenenden, die Monatswechsel usw.

Bitten Sie nun die Teilnehmer, innerhalb einer Timebox von zum Beispiel 5 Minuten die Frage »Was war?« zu beantworten. Jeder Teilnehmer schreibt alles, was ihm von diesem Zeitraum in Erinnerung geblieben ist, ohne Wertung auf Klebezettel und platziert diese entlang der Zeitachse.

TIPP

Erinnern Sie die Teilnehmer noch einmal daran, gut lesbar zu schreiben. Obwohl offensichtlich, ist dieser Grundsatz nicht immer selbstverständlich.

Alternative von Raimon Dworack: Sie können die Teilnehmer auch bitten, in Druckbuchstaben zu schreiben. Das kann Wunder wirken.

Versammeln Sie nach Ablauf der gesetzten Timebox alle Teilnehmer vor der Timeline und geben Sie jedem einen Augenblick Zeit, das Ergebnis auf sich wirken zu lassen. Oft werden zu den Ereignissen nur zwei oder drei Worte vermerkt. Das können Sie anschließend zum Anlass nehmen, den einen oder anderen Zettel noch einmal zu hinterfragen und so dafür zu sorgen, dass tiefer gehende Informationen und Erinnerungen geteilt werden. Hin und wieder ergänzen dann weitere Teilnehmer eigene Details, die ihnen noch dazu einfallen.

TIPP

Bitten Sie die Teilnehmer, die Zettel sofort, nachdem sie geschrieben sind, anzukleben. So entsteht die Timeline Stück für Stück, und vielleicht werden bei anderen Teilnehmern durch die schon platzierten Zettel zusätzliche Erinnerungen geweckt. Auf diese Weise kann das Bild runder werden.

Beispiel: »Was verbirgt sich denn hinter ›kein Testsystem‹?« – »Na ja, am letzten Dienstag wurde ein Software-Update auf dem Testserver eingespielt, und danach war er einen halben Tag lang nicht erreichbar. Deshalb konnte ich die Story nicht abschließen« ... »Stimmt. Ich erinnere mich. Ich wollte an dem Tag einen Hotfix testen und dann ausliefern, kam aber einfach nicht auf das Testsystem. Das war ziemlich nervig, denn der Kunde drängelte ständig.« – »Danke.« ... (auf den nächsten Klebezettel zeigen) ... »Und was ist mit ›projektfern‹ gemeint?«...

Timebox

Die Timebox ist ein festes, geschlossenes Zeitfenster, das unbedingt eingehalten werden muss. Der Grund für die Nutzung einer Timebox ist die Vermeidung von Verschwendung und die Fokussierung auf die wirklich wichtigen Themen.

Sollte am Ende der Timebox das Thema nicht ausreichend bearbeitet sein, kann ein Folgetermin (mit Timebox) vereinbart werden.

Welche Daten?

Daten, das sind auf der einen Seite die harten Fakten wie Meetings, Abstimmungen mit den Kunden, Partys, ausgefallene Systeme, Veränderungen in der Teamzusammensetzung, Erlernen neuer Fähigkeiten und Fertigkeiten, Erkunden neuer Technologien, Fehler, Urlaub, Geburtstage, Metriken, ausgelieferte Features oder Produktversionen, erforderliche Hotfixes usw.

Sie können die Teilnehmer darin unterstützen, sich an diese Fakten zu erinnern, indem Sie zum Beispiel verschiedenste Artefakte an den Wänden aufhängen. Das können Statistiken sein, die sich mit Fehlerverteilungen, Durchlaufzeiten oder Planungssicherheit beschäftigen. Auch Burn-down-Graphen, Cumulative-Flow-Diagramme, Velocity-Charts, Histogramme, ermittelte Durchlaufzeiten, Messergebnisse aus Experimenten – bringen Sie alles mit, was hilft, sich an den vergangenen Zeitraum zu erinnern. Ermuntern Sie die Teilnehmer, in Kalendern, Wikis, E-Mails, Dokumenten oder an anderen Stellen nachzuschlagen, um ein möglichst vollständiges Bild des betrachteten Zeitraums zu zeichnen. Je dichter die Datenbasis, umso besser sind die Voraussetzungen für die kommenden Phasen.

TIPP

Bitten Sie die Teilnehmer, die Daten möglichst bereits jetzt in Clustern, das heißt nach Themen sortiert, zu gruppieren. Das spart später Zeit bei der Vorbereitung der nächsten Phase und regt den Einzelnen dazu an, sich mit den bereits vorhandenen Daten auseinanderzusetzen und eine Verbindung zu den eigenen herzustellen.

Alle diese harten Fakten bleiben jedoch trocken und leer, wenn sie nicht mit den Bewertungen und Emotionen verbunden werden, die von ihnen ausgelöst wurden.

Es braucht beide Seiten der Medaille. Was also auch dazugehört, sind die Emotionen, Ahnungen und Bauchgefühle der Teilnehmer, die sie mit den Fakten verbinden – Dinge, die nicht messbar, nur schwer zu äußern und dennoch ungeheuer wertvoll sind. Erst in Verbindung mit dieser zusätzlichen Perspektive wird verständlich, was die Fakten für den Einzelnen oder alle Teilnehmer bedeuten. Wird dieser Bezug nicht hergestellt, besteht die Gefahr, dass Problemen, die auf der Beziehungsebene entstanden sind, wieder und wieder mit geringem Erfolg auf einer technischen Ebene mit Maßnahmen begegnet wird.

Brücken bauen

Zu fördern, dass die Teilnehmer diese »weiche« Seite zulassen und beisteuern, kann zu einer echten Herausforderung für den Moderator werden. Gerade in stark technisch geprägten Umfeldern wird Dingen, die man nicht messen oder in Zahlen und Diagrammen darstellen kann, häufig mit einer gehörigen Portion Skepsis begegnet. Die Menschen, die in diesen Kontexten arbeiten, wurden oft über lange Zeiträume darauf konditioniert, »objektiv« zu denken und zu handeln. Nun sollen sie plötzlich so etwas Vages wie Ahnungen und Stimmungen benennen. Dazu fehlt oft schlicht der nötige Wortschatz.

Als Moderator können Sie auf verschiedene Weise die Teilnehmer unterstützen, diese Hürde zu nehmen.

Manchmal kann es gut funktionieren, direkt und ohne Umwege nachzufragen: »Worüber habt ihr euch so richtig geärgert?«, »Was macht euch stolz?« oder »Was war für euch der beste Augenblick in letzter Zeit?«.

Oder Sie versuchen, das Thema »Gefühle und Emotionen« über Werkzeuge, Vorgehensweisen und Strukturen zugänglich zu machen, die den Teilnehmern vertraut erscheinen. Simulieren Sie »messen«. Sie können beispielsweise Skalierung nutzen, um herauszufinden, welche Stimmung unter den Teilnehmern herrscht(e). Nutzen Sie die Smileys ☺ 😐 ☹ als drei mögliche Zustände auf einer Skala und bitten Sie jeden Teilnehmer, an der Stelle einen Strich oder einen Klebepunkt anzubringen, der seinem derzeitigen (oder damaligen) Zustand am besten entspricht (Abbildung 3-1). Wenn Sie am Ende zusammenzählen und das Ergebnis präsentieren, haben Sie »gemessen«, Daten erhoben und etwas über die Emotionen zu einem diskreten Zeitpunkt erfahren.

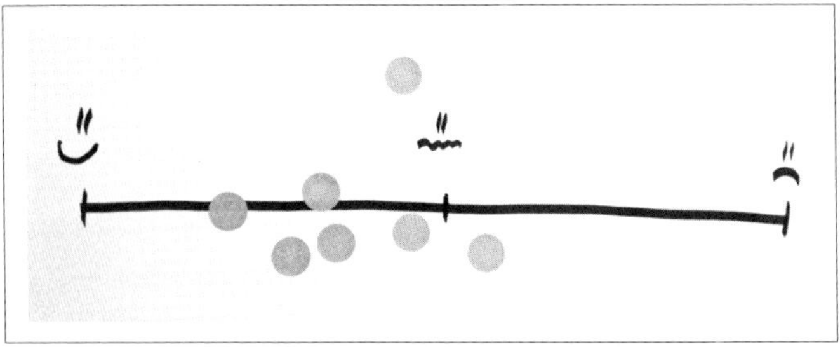

Abbildung 3-1: Stimmungsmessung

Sie können diese Art der »Stimmungsmessung« auch noch erweitern, indem Sie die Teilnehmer bitten, entlang einer Zeitachse (x-Achse) mit einer Kurve zwischen den drei Zuständen ☺ 😐 ☹ (y-Achse, 0 bei 😐) einzuzeichnen, wie sie sich über den betrachteten Zeitraum gefühlt haben. Es entsteht ein Liniendiagramm der Stimmung, also auch etwas, das Techniker kennen.

TIPP

Fangen Sie langsam an. Gehen Sie kleine Schritte und beziehen Sie sich auf konkrete Ereignisse, statt ganz generell nachzufragen, wie sich jemand gerade fühlt oder gefühlt hat.

Fragen Sie zum Beispiel: »Wie war das für dich, als das Testsystem den ganzen Tag nicht erreichbar war, du aber dringend deinen Hotfix testen und einspielen musstest?«

Üben Sie mit den Teilnehmern von Retrospektive zu Retrospektive, diese Perspektive zuzulassen und einen Wortschatz zu entwickeln, um das scheinbar Unaussprechliche auszudrücken.

Was ist die Konsequenz? Wozu das alles?

Nun, wenn das Testsystem den ganzen Tag nicht erreichbar war, ist das vielleicht erst einmal nicht optimal und daher verbesserungswürdig. Vielleicht war es aber gar kein Problem.

Wenn so jedoch Zeitdruck und Stress ausgelöst wurden und jemand total sauer oder wütend war, weil er dadurch in seiner

Arbeit massiv behindert wurde, erhält dieses Ereignis ein völlig anderes Gewicht.

Das wird jedoch nur sichtbar, wenn auch die emotionalen Aspekte ins Spiel gebracht werden. Deshalb sind sie so wichtig.

Visualisieren statt formulieren

Ein sehr wirksames Hilfsmittel beim Datensammeln ist die Visualisierung durch Zeichnen oder Modellieren. Auf diese Weise werden Metaphern statt Worte gefunden, und oft ist am Ende der Kopf verblüfft, was die Hände zustande gebracht haben, ohne dass es ihm (dem Kopf) bewusst war. Vielleicht entstehen jedoch dann andere Hindernisse. Teilnehmer befürchten, nicht ausreichend gut zeichnen zu können und deshalb von anderen belächelt zu werden. Das schafft Widerstände. Hinzu kommt, dass ein missglückter Strich eine komplette Darstellung »zerstören« kann. Auch hier gilt: Fangen Sie langsam und mit kleinen Herausforderungen an.

Eine Alternative: Sammeln Sie Daten, indem die Teilnehmer mit LEGO®-Steinen modellieren (Abbildung 3-2). Das kann wirklich jeder, und viele kennen die bunten Klötzchen noch aus ihrer Kindheit. Außerdem sind die gebauten Artefakte schnell und unkompliziert änderbar. Einfach einige Steine ersetzen, hinzufügen oder wieder entfernen – fertig. Und während der Kopf noch darüber nachdenkt, ob das denn überhaupt »seriös« oder »professionell« ist, haben die Finger bereits die ersten Bausteine zusammengesteckt.

Sie können bei diesem Ansatz sowohl jeden Einzelnen (s)ein Modell bauen lassen als auch mit Kleingruppen arbeiten. Geben Sie den Teilnehmern ein Thema (zum Beispiel »Unsere Zusammenarbeit mit dem Fachbereich«) und eine Timebox zum Bauen (zum Beispiel 15 Minuten). Anschließend werden die entstandenen Modelle vorgestellt und erläutert. Die Essenz aus diesen Erläuterungen können Sie am Flipchart mitschreiben oder visualisieren.

Abbildung 3-2: LEGO®-Modell einer Retrospektive

Die Wahl der Mittel

Menschen kommunizieren tagtäglich im Rahmen ihrer Arbeit zum Beispiel mit Kollegen, Vorgesetzten oder Kunden. Dabei folgt jeder bei der Wahl des Kommunikationsstils seinem Naturell oder einer bestimmten Präferenz. Die einen kommunizieren auf eine eher extrovertierte Weise, indem sie auf andere Menschen zugehen, sich mit ihnen treffen und Gedanken und Ideen diskutieren und besprechen. Andere bevorzugen es, anstehende Themen und Fragestellungen zuerst einmal selbst in Ruhe zu durchdenken und zu einer fundierten Meinung zu kommen, ehe sie mit anderen in Kontakt treten. Unter Umständen wählen sie dann eher eine schriftliche Kommunikationsform, schreiben eine E-Mail, statt das Gespräch zu suchen [Tscheuschner 2009].

Mit der Wahl der Aktivitäten und Methodenbausteine für diese Phase haben Sie es in der Hand, mitzubestimmen, inwieweit jeder zu Wort kommt, denn jede dieser Aktivitäten beinhaltet und erfordert ein bestimmtes Kommunikationsformat.

Entscheiden Sie sich für ein Herangehen, das auf offene Diskussion und spontane Meinungsäußerungen setzt, begünstigt das die extrovertierten Teilnehmer, und für den Moderator wird es wichtig, auch den stilleren, eher introvertierten Teilnehmern Raum zu schaffen. Andererseits eröffnet und erhöht dieses Format die Wahrscheinlichkeit, dass sich die Teilnehmer im Gespräch zu neuen Gedanken anregen, gegenseitig inspirieren und so Themen zur Sprache kommen, die andernfalls unentdeckt geblieben wären.

Gibt man jedem die Zeit, seine Gedanken individuell zu ordnen und zum Beispiel auf Klebezettel zu schreiben, kommt das den eher zurückhaltenden Teilnehmern des Meetings entgegen. Sie können nun ungestört zusammentragen und durchdenken, was für sie wichtig ist. Erst dann präsentieren sie die Ergebnisse. Das Vorgehen gibt ihnen dafür den Raum, ohne dass sie sich permanent gegen die dominanteren Teilnehmer durchsetzen müssen. Auf diese Weise kommt jeder gleichberechtigt zu Wort, es gehen jedoch unter Umständen die Daten verloren, die erst durch die Interaktion entdeckt werden.

Aktivitäten in Kleingruppen formen einen Kompromiss zwischen den beiden eben genannten Vorgehensweisen. Auf der einen Seite findet in der Gruppe ein offener Austausch statt, der dazu führen kann, dass im Gespräch zusätzliche Erinnerungen wach werden. Andererseits ist die Gruppe so klein, dass ruhigere Teilnehmer dennoch zu Wort kommen. Bei der Zusammenstellung der Kleingruppen kann man als Moderator gegebenenfalls zusätzlich darauf einwirken, dass die Verhältnisse ausgeglichen sind. Am Ende ist es wichtig, die unterschiedlichen Sichten der Gruppen zu einem Gesamtbild zusammenzufügen.

Generell sollte jeder gehört werden, denn in einer Retrospektive zählt jede Stimme und jede Meinung. Bedenken und berücksichtigen Sie deshalb die kommunikativen Präferenzen der Teilnehmer bei der Vorbereitung der Retrospektive und der Wahl Ihres Herangehens.

Ein letzter Blick

Schauen Sie am Ende dieser Phase noch einmal mit allen Teilnehmern über die Datensammlung und prüfen Sie gemeinsam, ob noch etwas Wesentliches fehlt.

TIPP

Nutzen Sie eine Box für externe Themen: Zeichnen Sie auf das Flipchart-Blatt oder Whiteboard, auf dem die Daten gesammelt werden, eine separate Box und beschriften Sie sie mit »extern« (Abbildung 3-3).

Bitten Sie die Teilnehmer dann, bereits beim Sammeln der Daten darauf zu achten, welche Themen von ihnen selbst beeinflusst werden können und welche eher externer Natur sind. Letztere sollten in der separaten Box platziert werden.

Wenn all die individuellen Wahrnehmungen, Einzelheiten und unterschiedlichen Perspektiven zusammengekommen sind, entsteht ein gemeinsames Bild vom betrachteten Zeitraum, das mehr ist als die Summe der Einzelbilder. Den begrenzten Sichten der Einzelnen wird etwas hinzugefügt. Sie können nun mit einem erweiterten Horizont in die nächsten Phasen der Retrospektive eintreten.

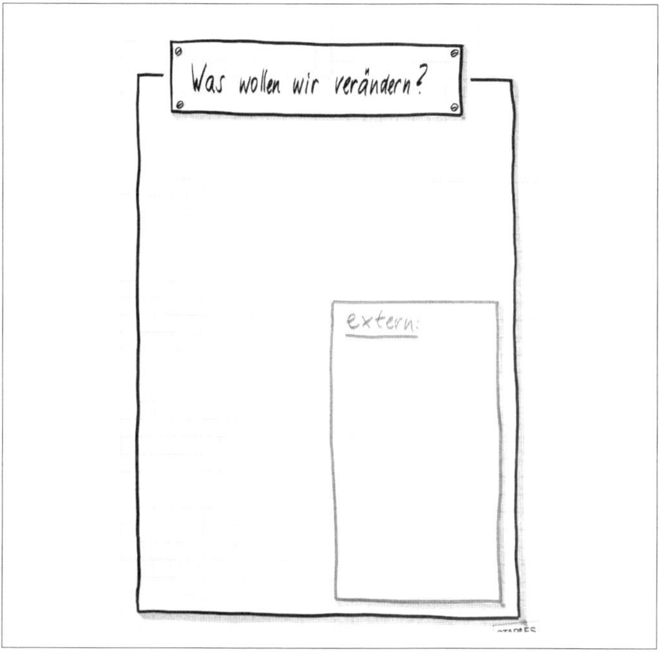

Abbildung 3-3: Flipchart-Blatt mit »extern«-Box

Phase 3: Generate Insights

An diesem Punkt der Retrospektive ist die Versuchung oft groß, durchzustarten, sofort festzulegen, was sich ändern muss, und Maßnahmen zu definieren. Während des Datensammelns sind unter Umständen bereits erste Ideen und Vorschläge aufgetaucht, wie den benannten Themen zu Leibe gerückt werden kann. Eigentlich weiß jetzt vermeintlich jeder, was zu tun ist, oder? Schauen Sie sich dennoch gemeinsam mit den Teilnehmern die Daten genauer an.

Sich feiern

Beschäftigen Sie sich zuerst mit den positiven Fakten und Ereignissen. Dort liegen die Erfolgspotenziale. Eine elementare Beraterregel sagt: »Wenn du weißt, was funktioniert, mach mehr davon.« [Hargens 2009] Sprechen Sie mit den Teilnehmern über diese positiven Dinge. Bilden Sie Themenkomplexe und Cluster. Führen Sie den Teilnehmern vor Augen, was sie erfolgreich macht. Suchen Sie gemeinsam mit den Teilnehmern nach den Ressourcen, die hinter diesem positiven Verhalten verborgen sind. Forschen Sie, wie sich diese Effekte verstärken und für den weiteren Erfolg nutzen lassen.

TIPP

Geben Sie den Teilnehmern einen Augenblick Zeit, damit diese positiven Aspekte wirken und einsickern können. Feiern Sie gemeinsam die Erfolge der vergangenen Periode und sorgen Sie dafür, dass die Teilnehmer die Freude und Gewissheit mit in die künftige Arbeit nehmen.

»Schlamassel«

Danach wenden Sie sich den negativen oder veränderungswürdigen Aspekten zu. Um nicht zu kurz zu denken, sollten Sie an dieser Stelle die schnellen Lösungen, die sich unmittelbar aufdrängen, vorerst zurückstellen und sich die Zeit nehmen, einen Schritt zurückzutreten. Das Offensichtliche ist nicht immer auch schon der Kern des Problems.

Angenommen, wir sind in einem Boot unterwegs, in dem Wasser steht. Die schnelle Lösung ist, das Wasser auszuschöpfen und weiterzufahren. Bald steht wieder Wasser im Boot. Wir schöpfen und fahren und schöpfen und fahren und, und, und ... Alternativ können wir uns fragen, woher denn das Wasser ins Boot kommt. Vielleicht finden wir ein Leck? Wenn wir das reparieren und das Boot noch einmal ausschöpfen, bleibt es künftig trocken, und wir können uns dann wieder an der schönen Landschaft erfreuen, statt ständig mit der Nase in der Bilge zu stecken.

Oft sind wir im Projektalltag so dicht an den Dingen dran, d sprichwörtlich vor lauter Bäumen den Wald nicht mehr sehen. Deshalb ist Abstand gewinnen so wichtig und wertvoll.

Niels Pfläging benutzt in diesem Zusammenhang das Denkwerkzeug »Schlamassel«. Er unterscheidet zwischen Problem-Symptomen, Problemen und Schlamassel. Diese drei Dinge hängen zusammen wie Seerosen auf einem Teich: Was wir auf den ersten Blick sehen, sind viele Blätter. Das sind die Problem-Symptome, das Offensichtliche. Diese Blätter hängen an Stängeln, den eigentlichen Problemen. Und viele dieser Stängel laufen in wenigen Wurzeln, dem Schlamassel, zusammen. Er schreibt dazu:

»[...] So wie auf einem Teich unzählige Seerosenblätter schwimmen – die unten am Boden des Sees doch nur wenigen Pflanzen entspringen. Es gibt in Organisationen oft Hunderte von Problem-Symptomen. Aber nur ein paar Handvoll Probleme. Und die gehen auf ein oder zwei Schlamassel zurück. Setzt man nun mit Lösungen an den Schlamasseln an, lösen sich viele Probleme auf.« [Pfläging 2014]

Deshalb lohnt es sich, tiefer einzutauchen und nach den Ursachen zu forschen. Dabei die Symptome von den Problemen zu trennen. Den Dingen auf den Grund zu gehen und zur Wurzel – dem Schlamassel – vorzudringen.

Hinter die Ursachen schauen

Wenn Sie nun gemeinsam die Schwächen und Risiken betrachten und nach Auslösern fahnden, sollten Sie gründlich nachfragen, was sich hinter dem Offensichtlichen verbirgt. Was ist die Ursache *hinter* der Ursache? Welche weiteren Ursachen haben Einfluss auf das benannte Problem? Lassen sich möglicherweise mehrere Probleme zusammenfassen, weil sie sich auf eine gemeinsame Ursache (Schlamassel) zurückführen lassen? Nutzen Sie dazu einfache Analysewerkzeuge, wenn es sich anbietet.

»Fünf Warums«

Sie können sich zum Beispiel eine Technik zunutze machen, die Kinder vortrefflich beherrschen – das wiederholte »Warum?«-Fragen. Die »Fünf Warums« sind Teil des »Systems Thinking« und im Rahmen des »Toyota Production System« beschrieben [Ohno 1988]. Sie helfen, an die Ursachen hinter der Ursache heranzukommen, denn die Antwort auf das eine »Warum?« wird zum Ausgangspunkt des nächsten. Und so weiter. Und so weiter. Fünf Mal. Also:

»Wir haben ein massives Problem mit Fehlern in unserer neuen Produktversion.«

W1: »Warum treten diese Fehler auf?« – »Es wurde ein neues Modul integriert, das auf unerwartete Weise bisherige Funktionalität beeinflusst.«

W2: »Warum ruft das neue Modul Fehler in anderen Teilen des Produkts hervor?« – »Es haben vor der Auslieferung keine Tests stattgefunden.«

W3: »Warum wurden keine Tests durchgeführt?« – »Weil ein so hoher Zeit- und Lieferdruck aufgebaut wurde, dass ohne zu testen ausgeliefert wurde, um den Zeitplan zu halten.«

W4: »Warum gab es denn einen solch hohen Zeit- und Lieferdruck?« – »Weil einige Manager der Meinung sind, dass Entwickler harte Zeitvorgaben brauchen, um ordentlich zu arbeiten und pünktlich zu liefern. Deshalb wurde ein unrealistischer Liefertermin massiv durchgesetzt.«

W5: »Warum denken denn diese Manager, dass solche unrealistischen Vorgaben nötig sind?« – »Weil sie befürchten, dass sonst nicht pünktlich geliefert wird.«

Statt sich nun, wie es auf den ersten Blick nötig schien, mit einer besseren Organisation der Fehlerbehebung, mit Testtools und künftigen Teststrategien zu beschäftigen, können Sie an den tiefer liegenden Kernursachen ansetzen. Sie können mit den betreffenden Managern besprechen, auf welche Weise sie sich künftig über den kontinuierlichen Projektfortschritt informieren können (was ihnen vielleicht die Angst nimmt) und ihnen vermitteln, welche Auswirkungen ihre unrealistischen Terminvorgaben letzten Endes auf die Qualität und die Fehlerrate des Produkts und mittelfristig auch auf monetäre Kennzahlen haben.

Auch ohne explizit die »Fünf Warums« einzusetzen, können Sie Naivität und eine Haltung des Nichtwissens zu Ihren Werkzeugen kultivieren. Folgen Sie dem Ansatz, »nicht zu schnell zu verstehen« [Hargens 2010], wenn es um die Kernursachen von Problemen geht.

TIPP

Wenn Sie Naivität verstärkt einsetzen oder die »Fünf Warums« benutzen wollen, sollten Sie dies als Werkzeug ankündigen. Andernfalls können sich Teilnehmer zu Recht nicht ernst genommen fühlen und als Folge verärgert und ablehnend reagieren.

Ursache-Wirkung-Diagramme

Ein weiterer Ansatz zur Analyse von Problemen, die Cause-effect diagrams (Ursache-Wirkung-Diagramme), ist mir in einem Artikel von Henrik Kniberg [Kniberg 2009] begegnet, auf den mich Ralph Miarka aufmerksam machte. Da diese Diagramme leicht zu verstehen und beinahe intuitiv einsetzbar sind, möchte ich sie hier kurz vorstellen.

Wie bereits in Abschnitt »Fünf Warums« weiter oben beschrieben, ist auch hierbei das Ziel, die Kernprobleme zu beseitigen, statt lediglich an den Symptomen zu arbeiten. Andernfalls werden die Symptome sehr wahrscheinlich in derselben oder einer abgewandelten Form wieder auftauchen. Warum? Denken Sie an den »Schlamassel»: Die Seerosenblätter treiben auf dem ganzen Teich, dringt man jedoch zur Wurzel vor, braucht man nur an wenigen Stellen anzusetzen.

Das Vorgehen ist einfach und besteht aus wenigen Schritten:

- Wählen Sie das Problem aus, das Sie bearbeiten wollen, und schreiben Sie es auf.
- Untersuchen Sie »aufwärts«, welche Auswirkungen dieses Problem im Unternehmenskontext hat. Woran wird es sichtbar, oder welche Folgeprobleme löst es aus? Vielleicht verspätete Auslieferung von Schlüsselprodukten? Oder unzufriedene Kunden? Entgangene Gewinne? Verpasste Chancen?

- Schätzen Sie kurz ab, wie hoch der Nutzen sein wird, wenn das Problem beseitigt ist. Das gibt Ihnen einen guten Hinweis, wie viel Aufwand für die Bearbeitung gerechtfertigt ist.
- Überlegen Sie, bevor Sie weitermachen, woran Sie erkennen werden, dass das Problem beseitigt ist.
- Analysieren Sie nun »abwärts«, um zu den Kernursachen vorzudringen. Fragen Sie dazu »Warum?«, schreiben Sie die Ergebnisse auf und zeichnen Sie die Verbindungen mit Ursache-Wirkung-Pfeilen ein.
- Identifizieren Sie selbstverstärkende Schleifen (»Teufelskreise«) und heben Sie diese (farblich) hervor.
- Wiederholen Sie diese Schritte mehrere Male, um Ihr Diagramm zu überarbeiten und zu verfeinern.
- Wählen Sie eine oder mehrere Kernursachen aus und legen Sie fest, auf welche Weise Sie etwas gegen sie unternehmen wollen (zum Beispiel durch das Ergreifen von Maßnahmen).

Kontrollieren Sie dann in der Folgezeit in regelmäßigen Abständen die Wirksamkeit Ihrer Maßnahmen. Wenn sie zum gewünschten Ergebnis führen – wunderbar. Falls nicht, beginnen Sie eine neue Runde der Analyse, und passen Sie das Diagramm aufgrund Ihres aktuellen Wissensstands an.

Bitte vergessen Sie nicht: Sie haben mit dem Ursache-Wirkung-Diagramm ein Modell der Problemwelt geschaffen und auf dieser Basis Hypothesen darüber gebildet:

- wie das Problem entsteht,
- was seine Kernursachen sind und
- wie es beseitigt werden kann.

Diese Hypothesen können sich als zutreffend aber auch als falsch erweisen. Bilden Sie also gegebenenfalls auf der Basis der neu hinzugekommenen Informationen weitere, andere Hypothesen, die zu neuen Experimenten mit dem Problem und zu neuen Maßnahmen führen.

Ein Beispiel: Angenommen, ein größeres Softwareprojekt ist aktuell in einer entscheidenden Phase. Es kommt jetzt vor allem darauf an, die Kunden von den Vorteilen zu überzeugen, die ihnen die Arbeit mit dieser Software gegenüber der bisherigen Vorgehensweise bietet.

Bis zum Zeitpunkt der aktuellen Retrospektive wurden wiederholt fehlerhafte Programmstände auf das Produktivsystem eingespielt (Abbildung 3-4). Bei diesem Sachverhalt beginnt die Analyse.

Abbildung 3-4: Ausgangssachverhalt der Analyse

Fragen Sie nun als Nächstes »aufwärts«, um zu erfahren, was die Auswirkungen dieses Sachverhalts sind. Dazu hilft es, mehrmals zum Beispiel »Na und?« zu fragen.

»Wen stört es denn, wenn fehlerhafte Stände in Produktion eingespielt werden?« – »Unsere Kunden sind unzufrieden und verärgert.«

»Na und? Das vergeht doch wieder, oder?« – »Na ja, wir befinden uns derzeit in einer entscheidenden Phase. Es ist wichtig, möglichst viele Kunden zu überzeugen, künftig mit dem System zu arbeiten.«

»Hmm, und warum ist das gerade jetzt so wichtig?« – »Um die weitere Finanzierung und damit die Fortführung des Projekts zu sichern.«

»Ah, das ist also das eigentliche Problem.«

Während des Gesprächs haben Sie weitergezeichnet, und das Diagramm sieht nun aus wie in Abbildung 3-5.

An dieser Stelle angekommen, sollten Sie gemeinsam Folgendes klären:

- Gibt es neben unzufriedenen Kunden aufgrund von Fehlern im Produktivsystem noch weitere Gründe für das Problem, die vielleicht einen deutlich größeren Einfluss haben? Ist die Zufriedenheit der Kunden wirklich ein maßgeblicher Faktor, dass es im Projekt weitergeht?

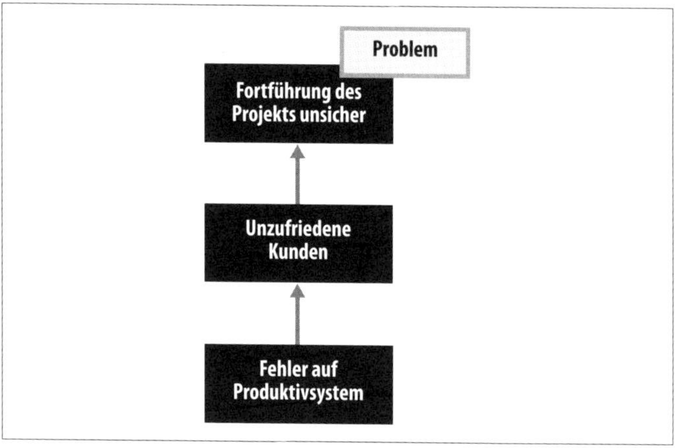

Abbildung 3-5: Das eigentliche Problem

- Lässt sich quantifizieren, was es wirtschaftlich bedeutet, dass das Projekt fortgeführt oder eingestellt wird? Daraus können Sie ableiten, welcher Aufwand sinnvollerweise mit den Gegenmaßnahmen nicht überschritten werden sollte.
- Woran können Sie erkennen, dass das Problem gelöst ist und die Maßnahmen erfolgreich waren?

Danach geht es »abwärts« in Richtung »Schlamassel«, also zum Kern des Problems. Ab jetzt helfen Ihnen wieder die »Fünf Warums«.

»Warum wurden fehlerhafte Stände auf das Produktivsystem eingespielt?« – »Weil wir sie nicht ausreichend getestet haben.«

»Und warum?« – »Weil wir nicht genügend automatisierte Tests haben.«

»Warum fehlen diese Tests?« – »Weil uns auf der einen Seite die erforderlichen Tools und das zugehörige Know-how fehlen, wir aber auch nie genug Zeit haben, Tests zu schreiben.«

»Und warum habt ihr dafür keine Zeit, wenn Tests so wichtig sind?« – »Weil wir ständig im Stress sind. Durch die Fehler in der

Produktion sind laufend Hotfixes nötig, die uns bei der Arbeit an den neuen Funktionalitäten unterbrechen. Ständig muss man umdenken und wird gestört. Das ist ziemlich frustrierend. Und der Funktionsumfang für die nächste Lieferung wird natürlich auch nicht reduziert. Die Fehler kommen einfach on top.«

Jetzt könnte das Diagramm etwa so aussehen wie in Abbildung 3-6.

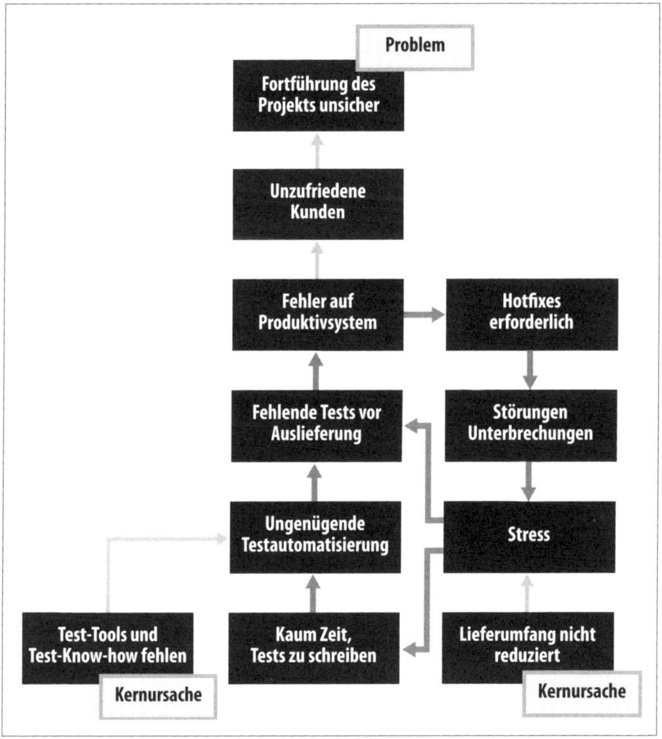

Abbildung 3-6: Problem und Kernursachen

In dem vorliegenden Diagramm sind zwei Kernursachen markiert – das Fehlen von Testtools und Test-Know-how sowie der nicht reduzierte Lieferumfang.

Sehr schön zu erkennen sind außerdem die beiden mit dicken Pfeilen gekennzeichneten selbstverstärkenden Schleifen (»Teufelskreise«).

In der inneren Schleife führen die Probleme auf dem Produktivsystem zu Hotfixes, also zur sofortigen Korrektur der Fehler im produktiven System, wodurch die Arbeit an der neuen Auslieferung unterbrochen wird. Da diese Fehler zusätzlich zum aktuell vereinbarten Lieferumfang behoben werden müssen, entsteht Stress, und es fehlt die Zeit, sowohl die Hotfixes als auch die nächste neue Auslieferung ausreichend zu testen, was wiederum zu Fehlern auf dem Produktivsystem führt ... was neue Hotfixes und neuen Stress verursacht usw. usf.

Die äußere Schleife verstärkt das Problem zusätzlich, denn durch den anhaltenden Stress bleibt kaum Zeit, Tests zu schreiben, was dazu führt, dass mehr und mehr automatisierte Regressionstests fehlen. Dadurch wird es immer schwerer, eine neue Lieferung ausreichend zu testen, was wieder zu Fehlern auf dem Produktivsystem führt, wodurch noch mehr Stress entsteht usw. usf.

Wenn man diese »Teufelskreise« durchbrechen kann, führt das zu einer nachhaltigen Lösung des Problems. Und wie man sieht, wirken die gekennzeichneten Kernursachen auf beide Schleifen ein.

Für diese Ursachen können Sie mit den Teilnehmern in der kommenden Phase Gegenmaßnahmen entwickeln. Zum Beispiel kann es helfen, eine Umgebung für automatisiertes Testen aufzubauen und ein Training on the Job zu organisieren. Und vielleicht lässt sich mit dem Produktverantwortlichen eine Vereinbarung aushandeln, dass im Interesse der Produktqualität vorerst eine fest definierte Timebox zur Behebung von Fehlern bei der Planung neuer Lieferungen berücksichtigt wird.

Woran erkennt man nun aber, dass es sich um eine Kernursache handelt? Dafür gibt es keine festen Regeln. Ein Merkmal könnte sein, dass im Diagramm nur Pfeile von ihr wegführen und keine zu ihr hin. Ein weiteres, dass Sie keine Veranlassung mehr sehen, noch weiter in die Tiefe zu gehen und nochmals »Warum?« zu fragen. Und ein drittes Kriterium ist, dass der Sachverhalt von den Teilnehmern aktiv beeinflusst werden kann und dadurch ein spürbarer positiver Effekt hinsichtlich des Problems ausgelöst wird.

Aber Sie müssen mit der Analyse an dieser Stelle noch nicht aufhören. Sie können sich ein weiteres Mal den mit hohem Stress verbundenen permanenten Störungen und Unterbrechungen bei der Arbeit zuwenden. Möglicherweise führen diese Faktoren zu einer zunehmenden Frustration und Demotivation der Mitarbeiter, was sich am Ende in einer steigenden Mitarbeiterfluktuation äußert.

In Abbildung 3-7 ist deutlich zu erkennen, dass durch die Beseitigung oder Reduzierung der beiden erkannten Kernursachen auch dieses Problem positiv beeinflusst werden kann. Offensichtlich sind Sie beim »Schlamassel« angekommen.

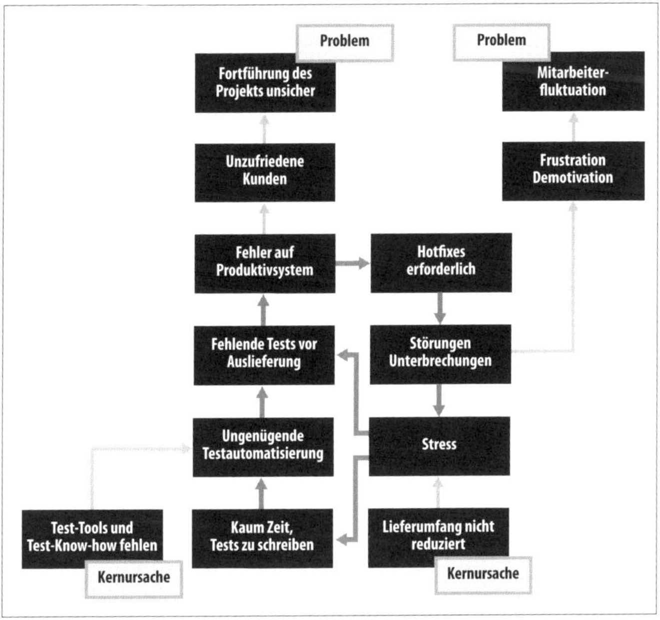

Abbildung 3-7: Lösung weiterer Probleme

Fazit

Weiten Sie mit Ihrem Vorgehen den Blick auf die Daten. Unterstützen Sie die Teilnehmer, sich neue Perspektiven, neue Blickwinkel zu erschließen und alternative Ansätze zu identifizieren. Und haben Sie keine Scheu, immer wieder nachzufragen, bis Sie bei den Kernursachen angekommen sind.

Bei sich bleiben

Die Teilnehmer sollten spätestens in dieser Phase externe und interne Auslöser voneinander trennen. Arbeiten Sie klar heraus, dass es in erster Linie darum geht, dass man das *eigene* Verhalten und Vorgehen verändert. Deshalb sollte das Ziel sein, vorrangig an den internen Themen, die man selbst beeinflussen kann, weiterzuarbeiten.

Externe Ursachen kann man delegieren oder hinnehmen – auf jeden Fall sollten Sie nicht zu viel Zeit darauf ver(sch)wenden, mit den Teilnehmern zu erörtern, wie sich andere ändern müssten, um selbst voranzukommen.

Diese Phase ermöglicht es, zurückzutreten, einen Blick auf das Ganze zu werfen und Zusammenhänge hinter den Problemen zu erkennen. Das ist enorm wichtig, denn sparen Sie hier Zeit ein, kommen die Teilnehmer in ihrem Verständnis unter Umständen nicht über die Symptomebene hinaus, die im nächsten Schritt vereinbarten Maßnahmen greifen zu kurz, und die erhofften Veränderungen stellen sich nicht ein oder bleiben oberflächlich.

Lösungen statt Probleme

Bis hierher wurde stark auf Probleme und ihre Ursachen fokussiert und darüber geschrieben, wie Sie durch Hinterfragen und Analysieren Veränderungen einleiten und Verbesserungen herbeiführen können. Das ist *ein* möglicher Weg.

Ein alternativer Ansatz ist, sich frühzeitig von den Problemen ab- und möglichen Lösungen zuzuwenden und dabei eine »bessere«

Zukunft, in der es die Probleme nicht mehr gibt, zu beschreiben und auszumalen. Haben alle Teilnehmer eine genaue Vorstellung davon, wie diese Zukunft aussehen wird, können Sie mit ihnen die nächsten (kleinen) Schritte erarbeiten, die zu diesem idealen Zustand hinführen. Dieses Vorgehen wird als Lösungsorientierung oder auch Lösungsfokussierung bezeichnet und in Kapitel 5, Abschnitt »Lösungsorientierung« auf Seite 126, ausführlicher beschrieben.

Phase 4: Decide what to do

Nachdem in der vorangegangenen Phase die Daten gründlich analysiert und hinterfragt wurden, geht es nun darum, geeignete Maßnahmen auszuwählen. Es wird festgelegt, was bis zur nächsten Retrospektive zu tun ist, um an den analysierten Problemstellungen etwas zu verändern. Wenn das klar zu benennen ist, schreiben Sie es auf. Lässt sich hingegen, zum Beispiel aufgrund der Komplexität des Sachverhalts oder des Umfelds, nicht klar absehen, auf welche Weise sich eine geplante Änderung auswirken wird, können Sie Annahmen treffen und Hypothesen über das mögliche Verhalten formulieren. Auf dieser Grundlage lassen sich für die kommende Periode Experimente entwickeln, die in der nächsten Retrospektive ausgewertet werden. Sie probieren gewissermaßen etwas aus. Vergessen Sie deshalb nicht, mit den Teilnehmern Kriterien zu erarbeiten, mit denen sich der Erfolg eines solchen Experiments bewerten lässt.

Umgesetzt?

Spätestens jetzt ist der Moment gekommen, auf die Maßnahmen und Experimente der vorangegangenen Retrospektive zu schauen. Konnten die gewünschten Effekte und Veränderungen erzielt werden? Waren die Experimente erfolgreich, und sind die Maßnahmen damit abgeschlossen? Oder sollten sie in der aktuellen oder einer angepassten Form weitergeführt werden? Beurteilen Sie gemeinsam mit den Teilnehmern die erzielten Ergebnisse und den Grad der Umsetzung. Übernehmen Sie in Abstimmung mit ihnen gegebenenfalls noch nicht abgeschlossene, angepasste, weiterlaufende oder nicht umgesetzte Maßnahmen für die Zeit bis zur nächsten Retrospektive.

Was noch?

Weitere Maßnahmen entstehen, indem Sie die Teilnehmer dabei unterstützen, Experimente auf der Basis der Datenanalysen aus »Generate Insights« zu entwickeln. Fokussieren Sie die Teilnehmer dabei auf ein oder zwei Schwerpunkte, in denen die größten Potenziale für Veränderungen und Verbesserungen stecken könnten.

Entscheidend für die Auswahl zur Umsetzung ist, dass man bei sich selbst mit der Veränderung beginnt. Zu erwarten und zu hoffen, dass man andere (Personen, Teams, Abteilungen) verändern kann, um an der eigenen Situation etwas zu verbessern, ist illusorisch, denn darauf hat man in der Regel wenig bis keinen Einfluss. Unterstützen Sie die Teilnehmer dabei, sich auf zielführende Themen zu konzentrieren. Zum Beispiel könnten Sie mit einem schelmischen Augenzwinkern nachfragen: »Und ihr seid ganz sicher, dass ihr durch eure Maßnahmen das Verhalten der Produktverantwortlichen grundlegend verändern könnt?«

Am Ende sollten erfahrungsgemäß idealerweise (inklusive der aus der vorhergehenden Periode übernommenen) drei bis vier Maßnahmen/Experimente für die Zeit bis zur nächsten Retrospektive eingeplant werden. Gibt es zu viele Kandidaten, hilft gemeinsames Priorisieren.

TIPP

Um schnell zu einer Priorisierung zu kommen, können Sie ein einfaches Voting nutzen: Jeder Teilnehmer verteilt mit einem Stift z. B. insgesamt drei Striche auf die Maßnahmen – auch mehrere bei einer Maßnahme sind möglich. Bitten Sie die Gruppe darum, dass jeder auf diese Weise die für ihn wichtigsten Maßnahmen kennzeichnet.

Für die kommende Iteration werden nun der Reihe nach jene Maßnahmen eingeplant, die von den Teilnehmern am höchsten eingestuft wurden.

Wer macht's?

Zu jeder Maßnahme gehören ein Verantwortlicher und ein Termin für die Umsetzung. Dabei geht es in erster Linie darum, dass jemand bereit ist, die Umsetzung im Auge zu behalten und diese voranzutreiben. Es geht weniger darum, dass er sie selbst umsetzt. Bleibt die Verantwortung diffus im Raum hängen (»Verantwortlich: alle«), sinkt die Wahrscheinlichkeit, dass etwas Konkretes passiert. Oft tritt eher der T.E.A.M.-Effekt (»Toll Ein Anderer Macht's«) ein.

TIPP

Häufig fällt es leichter, die Verantwortung zu zweit zu tragen. Fragen Sie in die Runde, wer bereit ist, den Verantwortlichen zu unterstützen. In der Regel wird sich jemand finden.

Keine Extras

Bei allen Maßnahmen und Experimenten, die als Ergebnis einer Retrospektive beschlossen werden, wird es in der Regel darum gehen, die eigene tägliche Arbeit und die Zusammenarbeit mit Kollegen, Fachabteilungen, Kunden usw. zu verbessern. Deshalb ist es wichtig, dass die Verbesserungsmaßnahmen als Teil der täglichen Arbeit betrachtet und ebenso geplant werden. Ein Scrum-Team zum Beispiel kann für jede Maßnahme eine User Story schreiben, arbeiten die Teilnehmer mit Kanban, erzeugen sie eine Task-Karte für das Backlog/Board. In einem anderen Kontext wird vielleicht ein Ticket in einem Tracking-System erstellt. Wichtig ist: Machen Sie es schon bei der Planung so einfach wie möglich, die Umsetzung dieser Aufgaben später in die täglichen Abläufe einzubetten. Wenn sie separat und »on top« anstehen, wird möglicherweise niemand Zeit für diese »zusätzlichen« Aufgaben finden.

TIPP

Nichts ist schlimmer als eine Retrospektive ohne Ergebnisse! Bitten Sie, wenn die Zeit knapp wird, deshalb besser um eine zusätzliche kurze Timebox und fokussieren Sie noch einmal alle Teilnehmer, als sich ergebnislos in ein neues Meeting zu vertagen.

Ganz entscheidend für den erfolgreichen Abschluss dieser Phase ist, dass Ergebnisse erarbeitet und Experimente und/oder Maßnahmen definiert werden. Das erzeugt Schwung, vorwärts gerichtete Impulse und eine positive Grundeinstellung bei den Teilnehmern.

Phase 5: Close the Retrospective

So wie in »Set the Stage« der Boden für die Retrospektive bereitet wird, so kommt es in dieser letzten Phase darauf an, dass die Energie, die bei der intensiven und konzentrierten Arbeit an den aktuellen Themen aufgebaut wurde, nicht einfach verpufft. Konkrete und umsetzbare Maßnahmen sorgen dafür, dass sie in eine konstruktive Richtung gelenkt wird und die Teilnehmer aktiviert das Meeting verlassen.

Die Ergebnisse und Erkenntnisse der Retrospektive gehören den Teilnehmern, nicht Ihnen als Moderator und auch nicht dem Teamleiter. Sie sollten dokumentiert werden. Fragen Sie nach, was die Teilnehmer von den erarbeiteten Artefakten behalten wollen, und entscheiden Sie gemeinsam, auf welche Weise (z. B. durch eine Zusammenfassung auf Flipchart-Blättern, ein Fotoprotokoll, Einträge im Wiki usw.) die Ergebnisse über das Ende des Meetings hinaus erhalten werden sollen. Bitten Sie die Teilnehmer, Sie dabei zu unterstützen.

TIPP

Halten Sie zum Beispiel die geplanten Maßnahmen mit Terminen und Verantwortlichkeiten auf einem Flipchart-Blatt fest, verschönern Sie es gegebenenfalls noch etwas und hängen Sie es deutlich sichtbar im Arbeitsbereich auf – als omnipräsente Erinnerung.

Danken Sie noch einmal allen für die seit der letzten Retrospektive und hier im aktuellen Meeting geleistete Arbeit und fassen Sie kurz die erarbeiteten Ergebnisse zusammen.

Abbildung 3-8: Flipchart-Blatt »Maßnahmen« verschönern

Am Ende sollten Sie sich 5 bis 10 Minuten Zeit nehmen, um Inspect and Adapt auf die Retrospektive selbst anzuwenden. Fragen Sie die Teilnehmer, was gut lief und was Sie in der nächsten Retrospektive anders machen sollten. Holen Sie dazu, vielleicht mithilfe eines *Blitzlichts*, ein kurzes Stimmungsbild ein. Bitten Sie zum Beispiel die Teilnehmer, die Fragen

- Was nimmst du mit?
- Was lässt du hier?
- Was möchtest du noch gern mit den anderen teilen?

reihum kurz zu beantworten. Dabei kann ein Jonglierball oder ein anderer geeigneter Gegenstand, der von Hand zu Hand geht, den Fluss unterstützen.

Achten Sie zu diesem Zeitpunkt unbedingt darauf, dass Sie als Moderator nur zuhören und das Feedback einfach annehmen, ohne es zu kommentieren oder sich zu rechtfertigen. Machen Sie sich gegebenenfalls Stichpunkte.

Am Ende dieser Runde ist es an Ihnen, sich für das wertvolle Feedback zu bedanken und den Teilnehmern noch einmal zu versichern, dass Sie davon überzeugt sind, dass mit den erarbeiteten Ergebnissen ein wichtiger Impuls in Richtung weiterer Verbesserung gesetzt wird. Auf diese Weise sorgen Sie dafür, dass die Retrospektive mit einer positiven Grundstimmung endet, die jeder Teilnehmer mit in seinen aktuellen Arbeitskontext nimmt.

Schließen Sie dann den Raum und die Retrospektive – vielleicht indem Sie die Teilnehmer bitten, Ihnen beim Aufräumen behilflich zu sein – und verabschieden Sie sich.

Die Retrospektive als Teil eines iterativen Lebenszyklus

Retrospektiven führt man durch, um aus Projekten zu lernen und in Projekten eine Anpassung und Verbesserung der Arbeitsprozesse zu erreichen. Dazu werden Erfahrungen aus der zurückliegenden Projektarbeit reflektiert und analysiert, um daraus konkrete Verbesserungsmaßnahmen für das nächste Projekt oder die nächsten Projektphasen abzuleiten. Das ist auf jeden Fall besser, als ein ums andere Mal in die gleiche Falle zu tappen und in jedem Projekt erneut zu erfahren, was nicht funktioniert.

Aber wie die eine sprichwörtliche Schwalbe noch keinen Sommer macht, so ist eine einmalige Retrospektive – vielleicht post mortem oder mitten in einem laufenden Projekt – noch kein kontinuierlicher Verbesserungsprozess, sondern kann nur ein Anfang sein.

Um sich kontinuierlich weiterzuentwickeln und dabei die aktuell gesammelten Erfahrungen einfließen zu lassen, bedarf es regelmäßiger Retrospektiven, die aufeinander aufbauen. Je volatiler das Umfeld, desto kürzer sollten die Abstände zwischen den Retrospektiven sein. Und jede folgende prüft die Umsetzung und den

Erfolg der in der vorangegangenen Retrospektive erarbeiteten und beschlossenen Maßnahmen und Experimente. Wurden sie umgesetzt? Hat sich der gewünschte Effekt eingestellt? Wie bereits oben beschrieben, müssen dazu die anfallenden Aufgaben wie selbstverständlich in den Arbeitsalltag einfließen, sonst werden sie am Ende als etwas »Zusätzliches« oder »Aufgesetztes« betrachtet, und ihre Umsetzung wird in der täglichen Arbeit hintenangestellt. Und in Projekten hat in der Regel niemand Zeit für »zusätzliche« Aufgaben.

Tritt man noch einen Schritt weiter zurück, kann man für die Retrospektive das Gleiche sagen. Sobald sie als etwas »Zusätzliches« oder »Aufgesetztes« erscheint, ist die Tendenz groß, dass diese Meetings als Zeitverschwendung angesehen, mit immer weniger Elan angegangen und in der täglichen Arbeit am Ende vergessen oder abgeschafft werden. Damit bringt sich das Team oder das Projekt um eine sehr effektive Gelegenheit zu lernen.

Was braucht es also? Auf der einen Seite Kontinuität im Veränderungs- und Verbesserungsprozess und zum anderen eine Gleichstellung von Verbesserungsmaßnahmen und aktuellen Projektaufgaben. Noch besser – die Unterscheidung muss aufgehoben und Verbesserungsmaßnahmen müssen zu regulären Projektaufgaben werden.

Das lässt sich erreichen, indem Retrospektiven zu einem Ritual und einem organischen Bestandteil innerhalb des Gesamtprozesses werden. Dann können sie ihr volles Potenzial entfalten, und die eben besprochenen Anforderungen lassen sich erfüllen. Einen möglichen Integrationsansatz zeigt Abbildung 3-9 (nach [Derby 2006]).

Ideale Ausgangsbasis dafür sind iterative Prozesse, bei denen am Ende jeder Iteration ein Produktinkrement geliefert wird und eine Abnahme durch den Kunden oder die Stakeholder erfolgt. So entsteht ein Rhythmus und gleichzeitig ein idealer Moment, um kurz innezuhalten und auf die vergangene Iteration und die gelieferten Artefakte zurückzublicken. Es beginnt die Retrospektive, und nachdem ihre fünf Phasen durchlaufen sind, wird die nächste Iteration geplant, in die ganz selbstverständlich die soeben entwickelten und auf die Verbesserung des Prozesses zielenden Aufgaben einfließen.

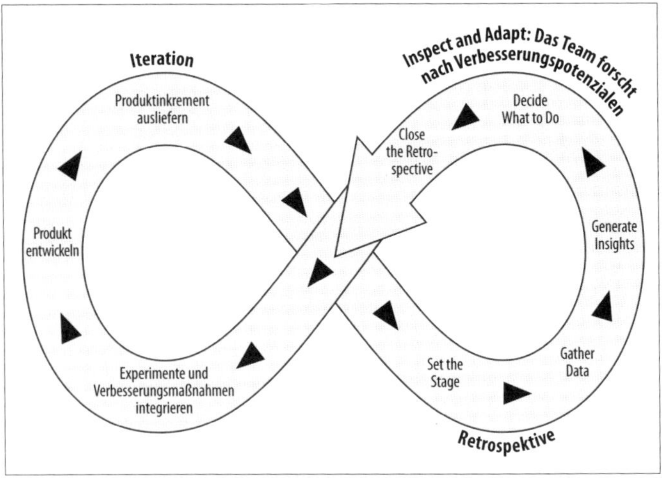

Abbildung 3-9: Retrospektiven als Teil eines iterativen Lebenszyklus

Ein gutes Beispiel, wie diese Integration gelingen kann, ist Scrum. In diesem agilen Projektmanagement-Framework ist die Retrospektive fester Bestandteil des Vorgehens. Am Beginn einer ein- bis vierwöchigen Iteration wird die Arbeit – meist in Form von User Stories – sehr genau geplant. Während der Iteration, die in Scrum »Sprint« heißt, arbeitet das Team fokussiert auf die Umsetzung der geplanten Aufgaben und so auf die Erreichung des Sprintziels hin. Tägliche, »Daily Scrum« genannte und maximal 15 Minuten lange Stand-up-Meetings unterstützen die Koordination und Abstimmung im Team und mit dem »Product Owner« genannten Produktverantwortlichen. Am Ende der Iteration wird vom Team ein lauffähiges, potenziell auslieferbares Produktinkrement präsentiert und übergeben. Während dieses »Sprint Review« genannten Meetings werden die Ergebnisse ausführlich diskutiert. Unter Umständen hat der Product Owner sofort neue Ideen, wie man das Produkt weiter verbessern kann. Das Team erhält direktes Feedback – positives wie negatives. Beides ist extrem hilfreich. Dann, bevor der nächste Sprint geplant wird, geht das Team kurz in Klausur und nimmt dieses Feedback mit in eine Retrospektive, die fester

Bestandteil des Scrum-Frameworks ist. Ihre Ergebnisse werden – idealerweise als eigene User Stories formuliert – in die Planung des nächsten Sprints aufgenommen und so zu einem organischen Teil der Arbeit werden. Damit beginnt die nächste Iteration.

Aber auch in anderen Prozessen und bei anderem Vorgehen gibt es regelmäßig wiederkehrende Ereignisse wie Meilensteine, Gates oder andere Fixpunkte, an denen Retrospektiven helfen, kurz innezuhalten und zu reflektieren, ehe das Projekt in die nächste Phase eintritt.

Finden Sie also den Rhythmus in Ihrem Projekt und koppeln Sie daran Ihre Retrospektiven. Setzen Sie sich dafür ein, dass diese Meetings zu einem Projektritual werden. Es lohnt sich.

Vorbereiten

Dieses Kapitel ist der Vorbereitung der Retrospektive gewidmet. Es beschäftigt sich mit der Auswahl eines Themas, eines geeigneten Orts, der richtigen Zeit und des passenden Materials, der Festlegung des Zeitraums, über den die Retrospektive abgehalten werden soll, und mit der Zusammenstellung des Teilnehmerkreises.

Motivation

Nehmen Sie sich Zeit, Ihre Retrospektiven vorzubereiten. Es ist keine leichte Aufgabe, die Teilnehmer zu unterstützen, gewohnte Pfade und Denkmuster zu verlassen und sich neue Blickwinkel und Perspektiven zu erschließen. Ergründen Sie, was die Teilnehmer antreibt und für welche Themen sie gern bereit sind, ihre Zeit zu investieren. Machen Sie es sich einfacher, indem Sie sich und den Teilnehmern ein Umfeld schaffen, das geschützt, sicher und gleichzeitig angenehm ist. Wählen Sie mit Bedacht Ihre Aktivitäten und Methodenbausteine aus. Sorgen Sie dafür, dass Sie einen ersten Plan haben, Flipchart-Blätter oder andere Unterlagen vorbereitet sind und ausreichend Moderationsmaterial zur Verfügung steht. Damit gewinnen Sie Freiräume, sich während des Meetings auf den Prozess zu konzentrieren und die Teilnehmer optimal zu begleiten.

Mit zunehmender Praxis werden Sie routinierter werden. Sie werden weniger Zeit investieren müssen. Dennoch werden Sie nie ganz ohne Vorbereitung in eine Retrospektive gehen können, denn das würde bedeuten, dass Sie sich mit dem Kontext und möglichen Zielen Ihrer Teilnehmer nicht auseinandergesetzt haben.

Am Anfang werden Sie unter Umständen ebenso viel Zeit mit der Vorbereitung wie mit der Durchführung verbringen. Und jede Minute davon ist gut investierte Zeit.

Kontext

Bevor Sie in eine Retrospektive gehen, sollten Sie so viel wie möglich über den Kontext, in dem Sie arbeiten werden, in Erfahrung bringen.

Vielleicht halten Sie die Retrospektive mit Ihrem eigenen Team ab. Dann kennen Sie sicher die Umstände, unter denen Ihre Teilnehmer während des betrachteten Zeitraums gearbeitet haben. Nehmen Sie sich dennoch einen Augenblick Zeit und überlegen Sie, ob sich etwas verändert hat. Versuchen Sie, für einen Moment eine andere Perspektive einzunehmen, etwas mehr auf Abstand zu gehen. Steht vielleicht der sprichwörtliche Elefant im Raum: Alle tanzen um ihn herum, und keiner wagt es, ihn beim Namen zu nennen? Hat sich im direkten und indirekten Umfeld Ihres Projekts etwas verändert? Gab es personelle Änderungen? All diese Informationen können Ihnen bei der weiteren Vorbereitung der Retrospektive helfen.

Wenn Sie eine Retrospektive in einem Umfeld moderieren wollen, in dem Sie sich wenig oder gar nicht auskennen, kann Ihnen jede Information, die Sie in Erfahrung bringen, das Leben während des Meetings erleichtern und Sie vor unliebsamen Überraschungen bewahren.

Schauen Sie sich im Arbeitsumfeld der Teilnehmer um. Gibt es Whiteboards oder Task-Boards? Was finden Sie sonst noch an Artefakten? Wie sehen sie aus? Ist ihr Status aktuell oder hoffnungslos veraltet? Welche Artefakte fehlen? Welche Comics und Sprüche finden Sie an den Arbeitsplätzen und Wänden? Wie viele sind es? Und zu welchen Themen?

Suchen Sie Gelegenheiten, um sich mit den künftigen Teilnehmern oder mit Führungskräften aus dem unmittelbaren Umfeld zu unterhalten. Sie werden viel darüber erfahren, worauf es dem Einzelnen ankommt. All das kann Ihnen helfen, ein mögliches Thema für die Retrospektive zu formulieren. Sie bekommen ein Gespür dafür, welche Probleme die Teilnehmer unter Umständen mitbringen und bearbeiten wollen und mit welchen Fragen Sie gezielt unterstützen können.

Beschäftigen Sie sich im Vorfeld mit folgenden Schwerpunktthemen [Derby 2006]:

- Was ist das produktseitige Ergebnis des betrachteten Zeitraums? Was wollten die Teilnehmer erreichen? Wie passt dieses Ergebnis (oder auch nicht) zu den Erwartungen?
- Was passiert in der Organisation, das Einfluss auf die Teilnehmer haben könnte? Was sagt der Flurfunk? Gab es Entlassungen? Wurden Projekte oder Produkte eingestellt, Ressourcen oder Mittel gekürzt? Gab es Zu- oder Verkäufe von Marken, Bereichen und/oder Produkten? Fanden oder finden größere Umstrukturierungen statt?
- Was ist aus den Ergebnissen früherer Projekt-Reviews geworden? Wie liefen diese Reviews ab?
- Wie sehen die Beziehungen und Abhängigkeiten zwischen den Teilnehmern aus? Sind sie in ihrer Arbeit aufeinander angewiesen? Wie weit kennen sie sich persönlich? Wie ist ihr Verhältnis am Arbeitsplatz zueinander?
- Was sind die Ängste und Sorgen der Teilnehmer? Was macht ihnen Freude?
- Welche Erwartungen gibt es an die Retrospektive? Unter welchen Bedingungen würde die investierte Zeit von allen Beteiligten als sinnvoll eingesetzt empfunden?
- Wie ist bisher die Zusammenarbeit mit Facilitatoren oder Moderatoren verlaufen?

Dieses Wissen hilft Ihnen, einen ersten Eindruck von der Situation zu gewinnen, und wird die Wahl eines Themas oder die Auswahl der Aktivitäten und Methodenbausteine beeinflussen und unterstützen.

Dennoch bleiben die Teilnehmer der Retrospektive die Experten ihres Arbeitsumfelds, ihrer Probleme und ihrer Lösungen. Lassen Sie sich deshalb bitte von all den Informationen nicht zu vorgefassten Meinungen und voreiligen Schlüssen verleiten. Bleiben Sie offen für Unerwartetes.

Thema

Auch wenn es nicht explizit benannt wird, hat doch jede Retrospektive immer ein Thema – Reflektieren über das Gewesene und Lernen für das Kommende. Die Retrospektive kann offen starten: Daten werden gesammelt, und Schritt für Schritt wird gemeinsam in einer der fünf Phasen die Anzahl möglicher konkreter Themen immer weiter eingeschränkt, um sich am Ende auf ein bis zwei zu fokussieren. Je später diese Fokussierung erfolgt, desto weniger Zeit bleibt unter Umständen, um in die Tiefe zu gehen. Aus diesem Grund kann es sinnvoll sein, bereits mit einem konkreten Thema fokussiert in die Retrospektive zu starten, sodass mehr Zeit für die Analyse bleibt.

Ein solches Thema kann sich im Vorfeld zum Beispiel aus den Kontextinformationen, die Sie eingeholt haben (siehe Abschnitt »Kontext« weiter oben), herauskristallisieren. Vielleicht gibt es gerade massive Probleme mit der Produktqualität, die Zusammenarbeit mit dem Kunden gestaltet sich schwierig, es gibt Verzögerungen bei der Bereitstellung der neuen Produktversion, oder sie wurde geliefert, aber zu spät. Möglicherweise wurden Teams oder Abteilungen zusammengelegt (oder auseinandergerissen), und die Teilnehmer müssen sich neu finden, ehe die Zusammenarbeit wieder reibungslos funktioniert. All das können konkrete Einstiegspunkte und Themen für eine Retrospektive sein. Sehen Sie in Ihrer Vorbereitung der Retrospektive ein solches konkretes Thema, dann schlagen Sie es den Teilnehmern zur Bearbeitung vor.

Entscheidend für die Wahl eines Themas ist, dass es lediglich einen Rahmen vorgibt, ohne Ergebnisse vorwegzunehmen oder schnelle Lösungen zu suggerieren. Derby und Larsen schreiben: »A useful goal provides a sense of why people are investing their time, without predetermining what actions or direction the team will take after the retrospective.« [Derby 2006] Es kommt also darauf an, Sinn zu stiften, ohne einzuengen.

Die Frage »Wie können wir dafür sorgen, dass künftig statt Einzelzielen nur noch Teamziele vereinbart werden?« kann zwar eine spannende Diskussion auslösen, blockiert aber vielleicht andere, aktuell wichtige Themen und führt in Bereiche, die von den Teilnehmern nur bedingt oder gar nicht zu beeinflussen sind.

Mit dem Thema: »Warum haben wir schon wieder am Ende der Iteration nicht geliefert?« wird bereits ein Vorwurf formuliert und regelrecht zur Suche nach Schuld, nach Schuldigen und zum Fingerpointing eingeladen. Darüber hinaus fördert eine solche Fragestellung eher die Beschäftigung mit Problemen, statt in Richtung von Lösungen zu denken.

In Anlehnung an den ethischen Imperativ von Heinz von Foerster (»Handele stets so, dass die Anzahl der Möglichkeiten wächst!« [Foerster 1994]) könnte man formulieren: »Wähle das Thema stets so, dass die Anzahl der Lösungsmöglichkeiten zunimmt!«. Das bedeutet, mit der Wahl des Themas bereits über die möglichen Probleme hinweg einen Raum für Lösungen zu öffnen. Hier ein paar Beispiele:

- Was können wir tun, um am Ende der Iteration zuverlässig zu liefern?
- Was sind unsere Stärken, und wie können wir sie weiter ausbauen?
- Auf welche Weise können wir die Zusammenarbeit mit unseren Kunden weiter verbessern?
- Welche Ursachen verbergen sich hinter unserem erhöhten Supportaufkommen, und welche davon können wir beeinflussen?

Manchmal steht der sprichwörtliche »Elefant im Raum« – ein großes und wichtiges Thema, das jedoch immer wieder geschickt umschifft wird und nicht zur Sprache kommt [Stapf 2011]. Alle diskutieren angeregt über verschiedenste Dinge, und doch ist deutlich zu spüren, dass »nur um den heißen Brei herumgeredet« wird.

Unmittelbar im Anschluss an die Retrospektive finden dann auf dem Gang, in der Kaffeeküche oder am Arbeitsplatz die »echten« Diskussionen statt. Ursachen dafür kann es viele geben. Heiko Stapf nennt in seinem Blogartikel folgende: persönliche Konflikte zwischen Teammitgliedern, fehlendes Vertrauen, Ohnmachtsgefühl, die Teammitglieder wissen nicht, wie sie ein schwieriges Thema ansprechen sollen ...

Wenn Sie einen solchen Elefanten erkennen, sollten Sie ihn in einer nächsten Retrospektive aufgreifen und den Teilnehmern dabei helfen, sich ihres blinden Flecks bewusst zu werden und darüber zu reden.

Für Herzschlag-Retrospektiven, die regelmäßig im Rhythmus der Iterationen stattfinden, muss nicht jedes Mal zwingend ein spezielles Thema benannt werden, denn das immer gegenwärtige Thema heißt »Kontinuierlicher Verbesserungsprozess« bzw. »Kontinuierliche Prozessverbesserung«. Allerdings führt ständige Wiederholung bekanntlich zu Routine und die wiederum unter Umständen zu mangelnder Konzentration und Aufmerksamkeit für Feinheiten, Frühwarnsignale und die »wirklich« anstehenden Themen. Deshalb sollten Sie hin und wieder an einem konkreten Thema arbeiten, um der Routinegefahr vorzubeugen.

Betrachtungszeitraum

Retrospektiven können prinzipiell über jeden beliebigen Betrachtungszeitraum abgehalten werden. Die Herausforderung ist immer nur, wie man es schafft, die Erinnerungen bei den Teilnehmern wieder zu aktivieren und ein gemeinsames Bild entstehen zu lassen.

Eine Retrospektive am Ende einer Projektphase (zum Beispiel nach einer Pilotierung) oder nach Auslieferung einer Produktversion kann einen Zeitraum von mehreren Monaten betrachten. Bei einer Projekt-Retrospektive kann es sich sogar um einen noch größeren Zeitraum, zum Teil weit über ein Jahr, handeln. Allerdings ist es fraglich, ob die Erinnerungen der Teilnehmer noch so weit zurückreichen und ausreichend detailliert sind, um verlässliche Ergebnisse zu erzielen. Erfahrungsgemäß sind die Erinnerungen, die mehr als zwölf Monate zurückliegen, nicht mehr besonders zuverlässig und können unter Umständen zur Verzerrung der Ergebnisse führen. [Löffler 2014a]

Agile Vorgehensmodelle wie zum Beispiel Scrum arbeiten mit Iterationen fester Länge von ein bis vier Wochen, an deren Ende jeweils Retrospektiven stattfinden. So entsteht ein Retrospektiven-Rhythmus vergleichbar mit einem Herzschlag, und man spricht deshalb auch von Herzschlag-Retrospektiven. In diesen Meetings erstreckt sich der Betrachtungszeitraum folglich in der Regel nur über die abgelaufene Iteration. Das hat den Vorteil, dass die Erinnerungen noch frisch sind und die Teilnehmer sich sowohl an die letzte Retrospektive und deren Ergebnisse als auch an viele Ereignisse innerhalb des Betrachtungshorizonts detailliert erinnern können. So können die Retrospektiven aufeinander aufbauen, und schrittweise kann ein kontinuierlicher Verbesserungsprozess etabliert werden.

Teilnehmerkreis

Wer an der Retrospektive teilnimmt, hängt stark davon ab, welches Thema und welcher Zeitraum besprochen werden sollen.

Zu Herzschlag-Retrospektiven wird sich im Normalfall das Projekt- oder Entwicklungsteam treffen, um die Erfahrungen der letzten Iteration zu besprechen. Darüber hinaus können weitere Teilnehmer eingeladen werden, die bei der Auflösung konkreter Probleme unterstützen können oder möglicherweise sogar deren Auslöser sind.

Zum Beispiel identifiziert ein Entwicklungsteam als Behinderung, dass der Produktverantwortliche (in Scrum der Product Owner) im Verlauf der Iteration wiederholt nur selten oder gar nicht für Konsultationen und Abstimmungen zur Verfügung stand. Dadurch wurden notwendige Entscheidungen verzögert, und am Ende konnten Anforderungen nicht wie geplant umgesetzt und geliefert werden. Statt zu klagen oder zu räsonieren, lädt das Team diesen Produktverantwortlichen zu einer Retrospektive ein. Gemeinsam forschen sie, wie sich dieser Engpass in Zukunft vermeiden lässt. Im Verlauf dieser Retrospektive kommen nun auch Aspekte des Problems aus Sicht des Produktverantwortlichen zur Sprache. Es werden neue Informationen und Perspektiven hinzugefügt. So lernen Team und Produktverantwortlicher etwas über die Arbeitsweisen und Beweggründe des jeweils anderen und beginnen, sich besser zu verstehen. Auf dieser Grundlage erarbeiten sie zusammen am Ende erste Maßnahmen, um ihr gemeinsames Ziel, dem Kunden pünktlich ein wertvolles Produkt zu liefern, besser erreichen zu können.

Auch wenn die Zeiträume größer werden und eine Release- oder Projektabschluss-Retrospektive abgehalten werden soll, kann es in verhältnismäßig isolierten Kontexten ausreichen, wenn sich lediglich das Kernteam dazu zusammenfindet.

Gibt es hingegen im Projekt viele erfolgsrelevante Abhängigkeiten von anderen Projekten, internen Abteilungen oder externen Dienstleistern, kann es hilfreich sein, alle oder ausgewählte Partner in geeigneter Weise in die Retrospektive einzubeziehen. So gewinnen Sie verschiedene externe Perspektiven zum eigenen Bild hinzu und erfahren insgesamt eine Bereicherung.

TIPP

Vergessen Sie bitte nie: Es geht um die Retrospektive eines bestimmten Personenkreises (eines Kernteams rund um ein Projekt), dessen Entscheidung es ist, wer noch zu diesem Meeting eingeladen werden soll!

Deshalb: Äußern Sie Vorschläge, wer aus Ihrer Sicht wichtige Anregungen beitragen oder Impulse geben kann und eingeladen werden sollte, aber vermeiden Sie es, ohne Abstimmung Einladungen zu verschicken.

Die Teilnahme von Führungskräften wie Abteilungs- oder Bereichsleitern kann sowohl hilfreich sein als auch behindern. Das hängt zum einen von der Reife und dem Selbstbewusstsein der Teilnehmer bzw. des Teams als auch stark vom Auftreten, Menschenbild und Führungsstil der Führungskräfte ab.

Die Anwesenheit sehr autoritärer, kontrollierender Führungskräfte kann dazu führen, dass entscheidende Themen (vielleicht aus Furcht vor späteren Konsequenzen) ausgeblendet und wichtige Ideen und Meinungen nicht geäußert werden.

Begegnet man sich hingegen auf Augenhöhe und mit einer Vision und einer Zielvorstellung, können durch eine gemeinsame Analyse der aktuellen Probleme sehr schnell weitgehende Maßnahmen besprochen und Hindernisse nachhaltig aus dem Weg geräumt werden.

Zusammenfassend kann man sagen: Alle, die zum Thema substanziell etwas beitragen können und die notwendig sind, um das angestrebte Ziel zu erreichen, sollten an der Retrospektive teilnehmen.

Dauer

Wie viel Zeit für eine Retrospektive eingeplant werden sollte, kann man nicht pauschal festlegen. Das hängt von einer Reihe von Einflussfaktoren ab, die sich gegenseitig überlagern. In Anlehnung an [Derby 2006] sind es im Wesentlichen folgende vier:

- der Betrachtungszeitraum
- die Anzahl der Teilnehmer
- die Komplexität des Themas und des Umfelds
- das Maß an Konflikten und Kontroversen

Der Betrachtungszeitraum

Je größer der Zeitraum ist, über den reflektiert werden soll, umso mehr Zeit werden Sie benötigen. Je länger Ereignisse zurückliegen, desto mehr geraten sie in Vergessenheit oder werden in der Erinnerung unscharf. Das bedeutet, dass schon das Schaffen der gemeinsamen Grundlage für die Retrospektive mehr Zeit und Sorgfalt erfordert.

TIPP

Planen Sie bei Retrospektiven über Zeiträume von mehr als vier bis sechs Wochen auf jeden Fall ausreichend Zeit und geeignete Aktivitäten ein, um möglichst viele Ereignisse zusammenzutragen und für das gemeinsame Bild in den Köpfen aller Teilnehmer zu sorgen.

Darüber hinaus spielt die Erfahrung der Teilnehmer mit Retrospektiven eine Rolle. Für eine erste Retrospektive wird man deutlich mehr Zeit einplanen müssen, denn zum einen wird es sehr viel zu besprechen geben, und es können unerwartet größere Themen auftauchen, auf der anderen Seite braucht es Zeit, um jede Aktivität und jeden Prozessschritt gut vorzubereiten und zu erläutern. Sind die Teilnehmer hingegen mit dem Format und den Aktivitäten vertraut und finden Retrospektiven regelmäßig und in kurzen Abständen statt, braucht es deutlich weniger Zeit, um durch den Prozess zu führen.

Für Herzschlag-Retrospektiven in iterativen Kontexten kann man sich an folgenden Empfehlungen orientieren [Dräther 2013]:

Tabelle 4-1: Dauer in Abhängigkeit von der Iterationslänge

Iterationslänge	Dauer der Retrospektive
4 Wochen	3 Stunden
3 Wochen	2 Stunden
2 Wochen	90 Minuten
1 Woche	60 Minuten

In Release-Retrospektiven oder Retrospektiven am Ende von Projektphasen wird unter Umständen ein Zeitraum von mehreren Monaten betrachtet. Dann empfiehlt es sich, mindestens einen halben, besser einen ganzen Tag einzuplanen. Werden die Zeiträume noch größer, wie bei Projektende-Retrospektiven oder nach sehr großen Releases, kann eine Retrospektive allein schon wegen des betrachteten Zeithorizonts mehrere Tage dauern.

Die Anzahl der Teilnehmer

Vernachlässigt man einmal alle anderen Einflussfaktoren, lässt sich der Einfluss der Teilnehmeranzahl mit simplen mathematischen Mitteln abschätzen.

Wenn Sie mit 10 Teilnehmern arbeiten und jeder Teilnehmer spricht zum Beispiel in »Set the Stage« im Mittel eine Minute, ergibt das

$10 \cdot 1\ \text{min} = 10\ \text{min}$

Arbeiten Sie mit 20 Teilnehmern und alle anderen Annahmen ändern sich nicht, folgt rein mathematisch

$20 \cdot 1\ \text{min} = 20\ \text{min}$

Führen Sie diese Berechnungen selbst beliebig weiter.

Da mit der Anzahl der Teilnehmer erfahrungsgemäß auch die Anzahl der Interaktionen wächst, werden Sie mit zunehmender Teilnehmerzahl überproportional mehr Zeit brauchen, als diese einfache lineare Hochrechnung suggeriert.

Die Komplexität des Themas und des Umfelds

Je mehr Faktoren den Zeitraum der Retrospektive beeinflusst haben oder je komplexer das Umfeld war und ist, desto mehr Zeit werden Sie einplanen müssen. Dabei ist es gleichgültig, ob diese Komplexität durch technische oder technologische Faktoren verursacht wird, die politische Situation rund um das Projekt sehr volatil oder angespannt ist oder starke Abhängigkeiten von anderen Abteilungen oder externen Partnern bestehen. Auch die Zusammensetzung und Organisation des Teams bzw. der Teilnehmer (zum Beispiel Verteilung über mehrere Standorte, Zugehörigkeit zu unterschiedlichen Abteilungen, Fachgebieten und Kulturen) kann Komplexität hinzufügen und zusätzliche Zeit kosten.

All das führt beim Sammeln von Daten und dem Gewinnen von Einsichten unweigerlich zu einer größeren Fülle an Material, Perspektiven, Auseinandersetzungen und Diskussionen, mit der es umzugehen gilt. Planen Sie deshalb ausreichend Zeit ein, um diese Komplexität schrittweise wieder reduzieren zu können.

Das Maß an Konflikten und Kontroversen

In Projekten, die sehr stark politisch geprägt oder beeinflusst werden, die stark unter Druck stehen oder die in Schieflage geraten sind, herrscht in der Regel auch eine hohe emotionale Anspannung. Das kann zu Gefühlsausbrüchen und Konfliktsituationen führen, die bis zu einem bestimmten Punkt ausgetragen werden müssen, um konstruktiv weiterarbeiten zu können. Ähnliches gilt für Teams, die sich noch in einer frühen Phase der Teambildung befinden und in denen die Findungsprozesse noch nicht abgeschlossen sind. Auch das kann zu Kontroversen und Konfliktsituationen führen, die bearbeitet werden sollten.

Planen Sie in solchen Umfeldern zusätzliche Zeit ein, um sicherzugehen, dass Sie derartigen Situationen den nötigen Raum geben können, ehe wieder zur Tagesordnung übergegangen werden kann.

Fazit

Geben Sie also Ihrer Retrospektive ausreichend Raum und planen Sie Reservezeiten ein, um auf Unvorhersehbares angemessen reagieren zu können.

Sollten Sie das Gefühl haben, dass die gewonnenen Einsichten auf der Symptomebene bleiben und die daraus erarbeiteten Maßnahmen, Hypothesen und Experimente eher flach sind und nicht zum »Schlamassel« [Pfläging 2014] vordringen, planen Sie beim nächsten Mal mehr Zeit ein.

Fehlt Ihnen am Ende Zeit, wird es sehr schwer bis unmöglich sein, sie zu dem aktuellen Zeitpunkt noch zu beschaffen. Müssen Sie aus diesem Grund die Retrospektive mit Hektik oder gar ohne tragfähige Ergebnisse beenden, ist die Gefahr groß, dass die erwünschten Lerneffekte und Verbesserungen ausbleiben und sich statt dessen Frustration einstellt. Das sollten Sie in jedem Fall zu vermeiden suchen.

Wenn Sie hingegen merken, dass Sie zügiger vorankommen, als Sie ursprünglich angenommen hatten, und die eingeplanten Puffer nicht brauchen, wird sicher niemand böse sein, wenn Sie früher fertig werden.

Agenda

Wenn Sie nun wissen, wer an der Retrospektive teilnehmen, um welches Thema es gehen und wie lange sie dauern wird, brauchen Sie jetzt noch eine Struktur. Erarbeiten Sie eine Agenda, die für die Dauer des gesamten Meetings deutlich sichtbar im Raum hängt.

Als Struktur bieten sich die in Kapitel 3, *Struktur – die fünf Phasen*, beschriebenen fünf Phasen an: *Set the Stage*, *Gather Data*, *Generate Insights*, *Decide What to Do* und *Close the Retrospective*.

Sie können sich überlegen, welche Aktivitäten zum geplanten Thema passen, und damit beginnen, die Zeit auf die fünf Phasen aufzuteilen. Einen ersten Anhaltspunkt gibt Ihnen Tabelle 4-2.

Tabelle 4-2: Zeitverteilung für eine 90-minütige Retrospektive (Beispiel)

Aktivität	**Anteil**	**Länge**
Set the Stage	5 %	5 min
Gather Data	30 %	25 min
Generate Insights	25 %	20 min
Decide What to Do	15 %	15 min
Close the Retrospective	10 %	10 min
Reserve	15 %	15 min
Summe	**100 %**	**90 min**

Sie brauchen sich für das Formulieren der Agenda-Punkte nicht zwingend an die Bezeichnungen der Phasen zu halten. Sie können auch die Namen der gewählten Aktivitäten verwenden und die Agenda feiner gliedern. So wird unter Umständen klarer, was als Nächstes geplant ist.

TIPP

Kennzeichnen Sie erledigte Punkte auf der Agenda im Verlauf des Meetings zum Beispiel mit einem grünen Haken. So fällt es den Teilnehmern leichter, sich jederzeit mit einem Blick zu orientieren.

Helmut von Moltke wird der Ausspruch »Kein Schlachtplan überlebt die erste Feindberührung« zugeschrieben. Auch wenn wir es in der Retrospektive nicht mit »Feindberührung« zu tun haben, ist es wichtig, einen Plan B zu haben.

Achten Sie bei der Zusammenstellung der Aktivitäten und Methodenbausteine für die Phasen darauf, dass Sie auch immer eine Alternative planen, die in kürzerer Zeit zu einem vergleichbaren Ergebnis führt. Oder denken Sie darüber nach, auf welchem Weg Sie mit Ihrer ersten Variante unter Umständen schneller zum Ziel kommen können. In einer Retrospektive können immer unerwartete Themen oder Konflikte auftauchen, denen Sie Zeit widmen müssen, die dann vielleicht am Ende fehlt. Dann können Ihnen diese »Abkürzungen« helfen.

TIPP

Nach 90 Minuten lässt die Aufmerksamkeit bei den meisten Menschen spürbar nach. Planen Sie bei Meetings über zwei Stunden deshalb alle 90 Minuten Pausen von mindestens 10 Minuten Länge ein.

Lüften Sie wenn möglich während der Pause den Raum kräftig durch.

Planen Sie auch einen zusätzlichen Puffer als Reserve ein, sodass die Teilnehmer in Ruhe zwischen den Aktivitäten wechseln können. Außerdem brauchen Sie Zeit, um am Beginn einer Aktivität noch einmal kurz zu erklären, worauf es im Folgenden ankommt.

TIPP

Nehmen Sie sich die Zeit, vor jeder Aktivität kurz und knapp zu erläutern, wie diese abläuft und worauf es dabei ankommt. Selbst bei bereits mehrmals in Retrospektiven eingesetzten Methodenbausteinen können Sie nicht sicher sein, dass alle Teilnehmer über das gleiche Verständnis verfügen.

Indem Sie darauf Zeit verwenden, vermeiden Sie grobe Missverständnisse, sorgen für bessere Arbeitsergebnisse und ersparen sich und den Teilnehmer Sätze wie: »Also eigentlich war das ... gemeint.«

Fazit: Richten Sie die Struktur der Retrospektive an den fünf Phasen aus und erarbeiten Sie eine Agenda, die deutlich sichtbar im Raum hängt. So wissen alle Teilnehmer, wofür sie ihre Zeit investieren und was noch zu tun bleibt.

Zeit und Ort

Die Wahl von Zeitpunkt und auch Ort kann über Erfolg oder Misserfolg einer Retrospektive mitentscheiden. Deshalb lohnt es sich, während der Vorbereitung auch hierfür einen Augenblick zu investieren.

Zur rechten Zeit

Unbestritten finden Retrospektiven *nach* der Zeitspanne statt, auf die man zurückblicken will, also *nach* der Iteration, *nach* dem Release, *nach* Abschluss der Projektphase oder *am Ende* des Projekts. Darum soll es in diesem Abschnitt nicht gehen.

Überlegen Sie jedoch bei der Wahl der Uhrzeit, ob es sich dabei um den *rechten Zeitpunkt* handelt. Kann man zu dieser Zeit kreativ arbeiten und innovative Ideen entwickeln? Ist der Geist offen und wach? Oder müde und schwach vom vorangegangenen geistigen »Nüsseknacken« im Projekt? Nach einem langen Arbeitstag zu einer Retrospektive einzuladen, begünstigt sicher nicht, dass bahnbrechende neue Erkenntnisse gewonnen werden. Finden Sie mit den Teilnehmern einen Termin, an dem alle aufnahmefähig und fit in die Retrospektive kommen.

TIPP

Achten Sie vor allem bei der Wahl morgendlicher Termine darauf, wann die Teilnehmer normalerweise mit der Arbeit beginnen. Eine Retrospektive, die gefühlt »vor dem Aufstehen« beginnt, schafft für die Teilnehmer nicht unbedingt Wohlfühlatmosphäre.

Mit Herzschlag-Retrospektiven in iterativen Kontexten wie Scrum ist es einfacher. Sie finden stets nach dem Abschluss der alten und vor der Planung der neuen Iteration statt. Damit müssen Sie nur einmalig ein günstiges Zeitfenster wählen und dann dafür sorgen, dass alles im Takt bleibt – nach jeder Iteration zur gleichen Zeit. Auf diese Weise wissen alle Teilnehmer genau, wann die Retrospektive stattfindet, sind innerlich darauf eingestellt und können sich vorbereiten.

Ganz gleich, ob Sie einmalig oder häufiger den *rechten Zeitpunkt* finden müssen, achten Sie darauf, dass er so liegt, dass er sich für die Teilnehmer komfortabel anfühlt und ausreichend kreative Energie vorhanden ist, um zu wirklichen Verbesserungspotenzialen vorzudringen.

Am rechten Ort

Schon an anderer Stelle in diesem Buch war von der Schaffung eines geschützten Raums die Rede. Das gilt im wörtlichen wie im übertragenen Sinne. Der Raum, den Sie für die Retrospektive wählen, trägt maßgeblich dazu bei, dass sich eine offene, schöpferische und entspannte Atmosphäre entwickeln kann.

Wenn Sie regelmäßig alle zwei bis vier Wochen mit einem Team eine Herzschlag-Retrospektive durchführen, werden Sie vielleicht den Teamraum dazu nutzen. Das hat den Vorteil, dass alle Artefakte (Task-Board, Burn-Down-Charts, Team-Charta, Maßnahmen der letzten Retrospektive, Definition of Done ...) in Reichweite und ad hoc verfügbar sind. Auf diese Weise kommen die Teilnehmer jedoch nie aus ihrem Arbeitsumfeld heraus. Aber gerade dieser äußere Wechsel kann helfen, dass auch innere Positionen für einen Augenblick verlassen und infrage gestellt werden.

Hinzu kommt: Die Wahrscheinlichkeit, vom Tagesgeschäft eingeholt und unterbrochen zu werden, ist hoch. Und ich habe bisher nur wenige Teamräume gesehen, die ausreichend unverstellten Platz bieten, um gemeinsam vor einem Flipchart oder Whiteboard zu arbeiten.

Packen Sie deshalb gemeinsam an und ziehen Sie für die Dauer der Retrospektive an einen anderen, einen inspirierenden Ort. Alles kein Problem, wenn man es gemeinsam angeht.

Beispiel: Bei einem Kunden waren die Besprechungsräume im Haus sehr knapp. So wichen die Teams regelmäßig für ihre Meetings in ein nahe gelegenes Hotel aus. Alle packten mit an, und dann zogen die Teilnehmer mit ihren Moderationswänden durch die Straßen zu ihrer Location – die einen mit der Wand selbst, andere mit den zugehörigen Füßen usw. Und bei Regen wurden die Wände in Folie verpackt.

Linda Rising und Mary Lynn Manns haben in [Rising 2004] 48 erprobte Strategien/Patterns zusammengetragen, die den nachhaltigen Erfolg von Veränderungsprozessen in Organisationen unterstützen sollen. Das Pattern zum Ort wichtiger Meetings heißt »Location Location Location« (siehe Kasten).

Folgen Sie der Empfehlung dieses Patterns und suchen Sie einen Raum in der Nähe, um ungestört arbeiten zu können. Die – wenn auch geringe – Entfernung zwischen Tagesgeschäft und Tagungsort wird dafür sorgen, dass der Fluss der Retrospektive nur im allergrößten Notfall von außen gestört wird.

Eine Retrospektive will Menschen zusammenbringen und verbinden. Es sollen ein offener Raum und kurze Wege entstehen, um den Gedankenaustausch zu fördern. Barrieren sind dabei hinderlich. Und Tische sind Barrieren, die Abstand zwischen Menschen

Location Location Location

To avoid interruptions that disrupt the flow of an event, try to hold significant events off site.

When you hold an event onsite at the organization, attendees can be easily distracted with their nearby work obligations.

Hold significant events of a half-day or longer offsite but nearby. [Rising 2014]

Einen günstigen Ort wählen

Um Unterbrechungen zu vermeiden, die den Ablauf Ihrer Veranstaltung beeinträchtigen, wählen Sie einen Veranstaltungsort außerhalb der Firma.

Wenn Sie eine Veranstaltung in den Räumlichkeiten der Firma durchführen, können Teilnehmer leicht durch das Tagesgeschäft abgelenkt werden.

Wichtige Veranstaltungen, die mindestens einen halben Tag dauern, sollten außerhalb der Firma, jedoch in der Nähe, durchgeführt werden. [Fearless Journey]

schaffen. Deshalb eignen sich Räume mit fester Konferenztisch-, Theater- oder U-Bestuhlung nur bedingt bis gar nicht für Retrospektiven. Wie soll ich mich mit jemandem verbinden oder reden, dem ich die ganze Zeit nur auf den Hinterkopf schauen kann? Oder was, wenn mich die Bestuhlung ständig zwingt, um sie herumzulaufen, ehe ich dorthin komme, wo die nächste Aktivität mich braucht (in der Kleingruppe, am Whiteboard, vor dem Flipchart)? Ich werde sicher bald die Lust verlieren.

Die günstigste Sitzordnung ist ein halber oder ganzer Stuhlkreis. So können sich die Teilnehmer gegenseitig sehen, und es gibt keine zusätzlichen Barrieren zwischen ihnen. Die Teilnehmer haben alles im Blick und können Blickkontakt zueinander aufnehmen. Neurowissenschaftler haben herausgefunden, dass immer genau dann, wenn wir Augenkontakt mit jemandem aufnehmen, in unserem

Gehirn Empathie ausgelöst und ein harmonisches Verhältnis zum anderen ermöglicht wird [Achor 2011]. Das fördert die Verbindung, das Verständnis und die Zusammenarbeit innerhalb der Gruppe und wirkt unter Umständen über die Retrospektive hinaus.

TIPP

Wenn Sie keinen Raum ohne Tische finden oder Tische zu gegebener Zeit in Ihrer Retrospektive brauchen, achten Sie darauf, dass sie sich an den Rand oder anderweitig aus dem Weg räumen lassen.

Finden Sie einen Raum, der für die Anzahl der Teilnehmer ausreichend Platz bietet, um gemeinsam zu arbeiten und sich dabei komfortabel zu fühlen. Wie groß der Raum sein muss, hängt auch davon ab, welche Art der Retrospektive Sie planen. Für eine Zeitreise (siehe Kapitel 6, Abschnitt »Rezept 3: Zeitreise«) zum Beispiel brauchen Sie ausreichend Platz, um die Moderationskarten auf dem Boden auszulegen und anschließend zu Ihrer Reise aufzubrechen. Dabei sollte jeder Teilnehmer freie Sicht auf die Karten und genügend Raum zum Bewegen haben. Alternativ kann vielleicht auch ein langer Konferenztisch funktionieren.

TIPP

Schauen Sie, dass der Raum hell ist und Tageslicht hereinkommt. Und noch besser ist es, wenn Sie in der Pause durchlüften können. Wenn die Luft im Raum »zum Schneiden« ist, lassen Leistungsfähigkeit und Konzentration sehr schnell nach. Eine Pause und ein Schwung frischer Luft schaffen Abhilfe.

Der Raum sollte nach Möglichkeit mit allen Medien, die Sie brauchen (zum Beispiel Whiteboard, Moderationswände, Flipchart, beschreibbare Wände, Beamer) ausgestattet sein. Darüber hinaus brauchen Sie Platz, um die Agenda, die Regeln und die erarbeiteten Ergebnisse aufzuhängen. Achten Sie darauf, dass genügend freie Wandfläche dafür zur Verfügung steht.

TIPP

Bevor Sie damit beginnen, die Wände zu bekleben, sollten Sie sich beim Eigentümer oder Vermieter erkundigen, welche Stellen dafür vorgesehen sind oder wo kein Schaden entstehen kann. Im Zweifel bleiben Ihnen die Fenster, wenn Sie ein Klebeband (zum Beispiel Malerkrepp) verwenden, das man ohne Rückstände wieder entfernen kann.

Nicht immer hat man die freie Auswahl, und passende Besprechungsräume können knapp sein. Sorgen Sie dann dafür, dass es zumindest so viel Platz gibt, dass alle Teilnehmer entspannt zum Beispiel vor dem Whiteboard oder Flipchart im Halbkreis stehen, arbeiten und diskutieren können.

Es heißt, äußere Ordnung führt zu innerer Ordnung. Übertragen auf Retrospektiven, kann das bedeuten, dass vielleicht ein äußerer Kontextwechsel zu einem inneren Perspektivwechsel einlädt. Deshalb: Suchen Sie für die nächste Retrospektive einen anderen Raum, wenn Sie das Gefühl haben, dass die Teilnehmer nicht vorankommen. Vielleicht können Sie bei schönem Wetter die Retrospektive im Freien abhalten? Bleiben Sie offen für neue Möglichkeiten!

Material

Eigentlich könnte man in dieser Hinsicht ja mal alles dem Zufall überlassen und einfach das Beste aus dem machen, was man an Material im Raum vorfindet, oder?

Eine kleine Geschichte: In einem Meeting beim Kunden, das ich gemeinsam mit einem Kollegen moderierte, wollten wir an einer Wand die Fragen, Erwartungen und Ziele der Teilnehmer sammeln und anschließend nach Themenblöcken zusammenfassen. Wir verteilten also Klebezettel und Stifte und baten die Teilnehmer, innerhalb einer kurzen Timebox ihre Gedanken aufzuschreiben. Anschließend klebte einer nach dem anderen seine Zettel an die Wand und erläuterte kurz, was sich hinter den wenigen Stichworten verbarg. In solchen Momenten wünsche ich mir volle Konzentration, die jedoch fortlaufend gestört wurde, weil sich immer wieder Klebezettel wie Herbstlaub von der Wand lösten und raschelnd zu Boden sanken. Die Teilnehmer schlossen nun schon beinahe Wetten ab, wann der nächste Zettel abfallen würde. Am Ende stand ich mit vorn an der Wand und befestigte jeden Zettel zusätzlich mit einem Streifen Klebeband.

Lernerfahrung: Die mangelnde Qualität des Materials hatte dazu geführt, dass der Fluss unserer Arbeit mit den Teilnehmern und der Fokus auf die Inhalte immer wieder gestört wurden. Mir fällt dazu ein uralter Werbespruch von Jacobs ein: »Mühe allein genügt nicht [...], man muss auch den richtigen nehmen [...].«

Übertragen auf Retrospektiven, braucht es eben auch das richtige Material für ein erfolgreiches Meeting.

Nachfolgend liste ich, kurz kommentiert, Materialien auf, die in einer Retrospektive eingesetzt werden können. Sicher ist diese Liste nicht vollständig, und nicht immer werden Sie alle diese Materialien brauchen.

Sie soll Ihnen Anregungen geben und helfen, abhängig davon, was Sie in der Retrospektive planen, für das geeignete Material zu sorgen.

Whiteboard

Ein Whiteboard eignet sich gut für schnelle Skizzen und Zeichnungen in Diskussionen und als Unterstützung von Phasen, deren Ergebnisse nur temporär gebraucht werden. Zum Beispiel kann man das Whiteboard mit einem Zeitstrahl beschriften und anhand dessen in einer Herzschlag-Retrospektive innerhalb kurzer Zeit die Erinnerungen an die letzte Iteration auffrischen, ehe man in einem nächsten Schritt gezielt weitere Daten sammelt.

TIPP

Wollen Sie mit Klebezetteln arbeiten, verwenden Sie auf dem Whiteboard besser einfache Post-its oder stattys, da die Post-it-Super-Sticky-Variante unter Umständen Kleberrückstände hinterlässt, die das Reinigen erschweren. [Löffler 2014a]

Achten Sie auf die richtigen (Whiteboard-)Stifte. Sorgen Sie für mehrere verschiedene Farben.

TIPP

Vermeiden Sie Verwechselungen! Flipchart- und Permanentmarker lassen sich nur sehr mühsam wieder entfernen. Wenn Sie zusätzlich ein Flipchart im Einsatz haben, trennen sie die beiden Medien und ihre Stifte am besten durch großen räumlichen Abstand.

Flipchart

Mit dem Flipchart können Sie hervorragend Ergebnisse dokumentieren. Die einzelnen Blätter lassen sich sauber abtrennen und anderswo im Raum befestigen. Das gilt für Teamregeln ebenso wie für die Agenda oder eine erarbeitete Maßnahmenliste. Im Anschluss werden ausgewählte oder alle Blätter mitgenommen und im Arbeitsumfeld aufgehängt. Das ist eine persistente Art der Dokumentation.

Kontrollieren Sie vor dem Meeting, dass ausreichend Flipchart-Papier vorhanden ist. Kariertes Papier unterstützt durch Hilfslinien beim Schreiben und Zeichnen. Eine Perforation am oberen Rand hilft beim sauberen Abtrennen.

Metaplan- oder Pinnwand

Diese Wände können Sie gut zum Befestigen von Flipchart-Blättern oder anderen Arbeitsergebnissen einsetzen, wenn zum Beispiel das Bekleben von Türen, Wänden und Fenstern nicht erlaubt ist. Sie bieten sich auch zum Arbeiten mit Moderationskarten an. Mobile Verbindungen zwischen Karten und Themen lassen sich mit Bindfäden herstellen (Abbildung 4-1). Mit Papier bespannt, idealerweise mit Moderationspapier (vorgefertigte Bogen Packpapier von passender Größe), werden sie beschreibbar.

Da sie außerdem oft mit Rollen versehen sind, kann man auf ihnen auch bequem Artefakte aus dem Arbeitskontext umherrollen.

Abbildung 4-1: Arbeiten mit der Moderationswand

TIPP

Achten Sie auf gute Pinnwandnadeln in ausreichender Menge.

Klebezettel

Klebezettel oder Post-its sind vielfältig einsetzbar. Die (Klebe-)Qualität kann – wie die kleine Geschichte am Beginn dieses Abschnitts verdeutlicht – ebenso weit gefächert sein. Solange Sie auf Papier (zum Beispiel Flipchart-Blättern) arbeiten, werden sich die Unterschiede nicht allzu spürbar bemerkbar machen.

Wollen Sie auch andere Flächen und Untergründe (Fenster, Türen, Wände usw.) nutzen und sichergehen, dass Ihre Retrospektive nicht durch herabrieselnde Post-its gestört wird, sollten Sie am besten Super-Sticky-Post-its einsetzen.

Eine Alternative zu Klebezetteln sind »stattys« (*www.stattys.com*). Sie haften aufgrund elektrostatischer Effekte auf nahezu jedem Untergrund, können mit Permanentmarkern beschrieben und mühelos befestigt, bewegt bzw. verschoben werden.

Moderationskarten

... sind in verschiedenen Farben und Formen erhältlich. Sie bieten sich an, wenn Sie sich beispielsweise entschließen, auf dem Boden zu arbeiten (siehe Kapitel 6, Abschnitt »Rezept 3: Zeitreise«).

Stifte

Nichts ist lästiger als Schreibmaterial, das mitten in der Arbeit den Geist aufgibt. Achten Sie darauf, dass Sie funktionsfähige Stifte – möglichst in verschiedenen Farben – zur Verfügung haben.

Und auch hier gilt: Gute Qualität zahlt sich aus. Ich schwöre zum Beispiel auf Moderationsmarker von neuland. Letztlich wollen Sie sich auf die Arbeit mit den Teilnehmern konzentrieren, statt permanent nach dem nächsten funktionierenden Stift zu suchen.

TIPP

Bringen Sie Ihre eigenen Stifte mit. Wenn Sie häufiger moderieren, lohnt es sich, ein passendes Sortiment anzuschaffen, denn: Da weiß man, was man hat!

Besorgen Sie auch Stifte für die Teilnehmer. Dünne Faserschreiber mit Rundspitze helfen, sichtbar und lesbar auf Klebezetteln zu schreiben.

Klebeband

Mit Klebeband können Sie auf einfache Weise Flipchart-Blätter und andere Arbeitsergebnisse an den verschiedensten Stellen im Raum aufhängen. Es eignet sich ebenso dazu, schnell Namensschilder anzufertigen, die sich die Teilnehmer auf T-Shirt, Hemd oder

Bluse kleben, man kann damit Wände, Tische, Türen usw. in Abschnitte und thematische Bereiche unterteilen und noch vieles mehr.

TIPP

Verwenden Sie am besten Malerkrepp guter Qualität (z. B. tesa), denn das klebt zuverlässig und lässt sich von den meisten Oberflächen auch wieder rückstandsfrei entfernen.

Klebepunkte

Wenn Sie Votings planen oder Moderationskarten bzw. Klebezettel mit einem »Emotions-Farbcode« kennzeichnen wollen, sind Klebepunkte eine gute Wahl. Es gibt sie in unterschiedlichen Farben und Größen.

TIPP

Verwenden Sie eine Variante mit ca. 1 cm Durchmesser. Es fällt den Teilnehmern dann leichter, sie vom Trägermaterial abzulösen und zu platzieren.

Bindfaden

Mit Fäden lassen sich zum Beispiel verschiedene Themencluster auf einer Moderationswand leicht und flexibel verbinden. Sorgen Sie dafür, dass Sie auch eine Schere in Reichweite haben.

Essen

Gewöhnliche Meetings sind eher unpersönlich, ungemütlich und unbeliebt. Manchmal sogar unnötig. Diesen Vorurteilen müssen Sie sich bei der Einladung zur Retrospektive stellen, denn sie werden selbstverständlich auch auf dieses Meeting übertragen. Eine der 48 Strategien für Veränderungsprozesse in Unternehmen aus [Rising 2004] lautet deshalb »Do Food« – Essen für alle (siehe Kasten).

Do Food

Make an ordinary gathering a special event by including food.

Usually a meeting is just another ordinary, impersonal event.

Make food available at the meeting. [Rising 2004]

Essen für alle

Machen Sie aus einem gewöhnlichen Treffen ein besonderes, indem Sie Essen bereitstellen.

Für gewöhnlich ist eine Besprechung nur ein weiteres unpersönliches Ereignis.

Kümmern Sie sich in Besprechungen darum, Essen für alle bereitzustellen. [Fearless Journey]

Neurowissenschaftliche Studien haben herausgefunden, dass unsere Gehirne darauf programmiert sind, im positiven, freudigen Bereich zu arbeiten. Dann sind sie besonders leistungsfähig, kreativ und aufnahmebereit. Shawn Achor [Achor 2011] führt eine Studie an, in der Ärzte auf der Basis von Musterfällen Diagnosen erstellen sollten. Eine der Gruppen wurde vor den Versuchen positiv eingestimmt, die Vergleichsgruppen hingegen neutral vorbereitet oder sogar gestresst. Das Ergebnis: Die positiv eingestimmten Ärzte waren doppelt so effektiv und mehr als doppelt so kreativ wie ihre Kollegen aus den Vergleichsgruppen. Um diesen positiven Effekt auszulösen, wurde ihnen lediglich eine Süßigkeit geschenkt, die sie noch nicht einmal essen durften, um den Einfluss eines erhöhten Blutzuckerspiegels auf die Ergebnisse der Studie auszuschließen.

Überlegen Sie selbst. Wann immer es festlich oder »besonders« werden soll, gibt es einen kleinen Imbiss, ein Büfett, ein mehrgängiges Menü oder Ähnliches.

Nun, Sie sollten nicht gleich übertreiben. Überraschen Sie doch Ihre Teilnehmer zum Beispiel mit frischem Obst, mit Kuchen, Keksen, Gummitieren, Schokolade ... Experimentieren Sie, was gut ankommt. Holen Sie sich Feedback. Sie werden es bekommen (Abbildung 4-2).

Abbildung 4-2: Feedback per Perfection Game mit Verbesserungsvorschlag

Sie werden belohnt mit einer lockeren und entspannten Atmosphäre, in der es sich gut über Veränderungen und Verbesserungen, über Herausforderungen und Lösungen reden lässt und in der bessere Ergebnisse erarbeitet werden – ohne Magenknurren oder Unterzuckerung.

Ihre Teilnehmer werden es lieben. Und wer weiß, vielleicht überraschen sie Sie eines Tages mit einem selbst gebackenen Kuchen?

Besser als Angelika Mann und Reinhard Lakomy [Mann 1975] kann man es meiner Meinung nicht zusammenfassen:

»Die Liebe und der Suff, das regt die Menschen uff! Was macht sie wieder friedlich? Ein Essen ganz gemütlich!«

Deshalb: Do Food!

KAPITEL 5

Facilitieren

Nun soll es um den *Facilitator* und das *Facilitieren* gehen. Bisher wurde diese Rolle *Moderator* genannt. Jetzt soll ein breites Spektrum an Werten, Haltungen, Praktiken und Aufgaben aufzeigt werden, die Sie sich Stück für Stück zu eigen machen können, um diese Rolle immer besser auszufüllen und weiter zu wachsen. Aus meiner Sicht geht diese Arbeit weit über das reine Moderieren eines Workshops oder Meetings hinaus, und deshalb schlage ich vor, ab jetzt von *Facilitator* und *Facilitieren* zu sprechen.

Es ist nicht nötig, all diese Fähigkeiten parat zu haben, ehe Sie in Ihre erste Retrospektive gehen, und Sie werden sicher auch nicht immer all das brauchen. Sie werden jedoch merken, dass es Ihnen zunehmend besser gelingt, Ihre Rolle auszufüllen und sich sicherer zu fühlen. Und das hilft am Ende auch den Teilnehmern der Retrospektive, die eigenen Ziele zu erreichen.

Was macht ein Facilitator?

Um sich dieser Frage anzunähern, sollte vielleicht zuallererst einmal geklärt werden, was eigentlich »Facilitation« bedeutet. Die folgende Definition stammt aus einem bisher unveröffentlichten Whitepaper der Kommunikationslotsen [kommunikationslotsen 2012]:

»Der Begriff ›Facilitation‹ bzw. ›Facilitating‹ im Kontext der Organisationsentwicklung steht für ›Erleichtern, Leichtigkeit, Möglichkeit‹ und zielt ab auf eine sich weltweit stark verbreitende Führungsphilosophie, die weitestgehend auf direktive Elemente verzichtet zugunsten von Partizipation, Vielfalt, Selbststeuerung und Organisations-Lernen auf Basis von Reflexion.

Ziel des Facilitating ist es, die Potenziale einer Gruppe [...] zusammenzubringen, somit Prozesse zu beschleunigen und den häufig eingeforderten Paradigmenwechsel [...] (hin zu mehr Eigenverantwortung und Initiative) bereits durch die Herangehensweise in der Praxis vorzubereiten.«

Daraus lässt sich ableiten, dass die Arbeit eines Facilitators vor allem dadurch bestimmt wird, mit welcher Grundhaltung, welchen Prinzipien und welchen Werten er an seine Arbeit herangeht, und weniger durch eingesetzte Methoden und Werkzeuge oder eine Mitgliedschaft in einer »Vereinigung von Facilitatoren«.

Nach IAF (International Association of Facilitators) [kommunikationslotsen 2012] sind folgende Grundhaltungen, Prinzipien und Werte für die Arbeit eines Facilitators entscheidend:

Partnerschaftliche Zusammenarbeit

... bedeutet, dass Auftraggeber und Facilitator [...] partnerschaftlich zusammenarbeiten (Collaborative Consulting). Das klassische Kunden-Lieferanten-Verhältnis ist nicht hilfreich. Rollen- und Auftragsklärung, Organisationsdiagnose und wünschenswerter Zielzustand werden im Team erarbeitet und sind wichtiger Teil des Gesamtprozesses. Jedes Zusammentreffen, jede Aktion und Re-Aktion ist Untersuchungsgegenstand und Pilot zugleich und bietet allen Beteiligten die Gelegenheit, die gewünschte Entwicklung voranzubringen.

Wertschätzung von Vielfalt

... bedeutet die Einbeziehung möglichst aller relevanten Sichtweisen, Kulturen, Nationalitäten, Geschlechter, Hierarchieebenen, Funktionen usw. (Diversity/Inclusiveness).

Partizipation

... bedeutet die Ermöglichung aktiver Beteiligung [...] von der Planungsphase [...] über die Durchführung bis zur Evaluierung und den Einsatz partizipativer Prozesse und Methoden für Kreativität, Zusammenarbeit, Konsensbildung, Konfliktbearbeitung und Entscheidungsfindung in Gruppen.

Erfahrung und Professionalität

... bedeutet die Auswahl geeigneter Vorgehensweisen und die Einhaltung projektspezifischer Absprachen und Vereinbarungen (Integrität), z. B. die Verfolgung vereinbarter Ziele.

Selbstentwicklung & Positive Haltung

... bedeutet, dass die kontinuierliche, eigene fachliche und persönliche Weiterentwicklung – inklusive Selbstreflexion (z. B. durch Supervision und Coaching) – selbstverständlich ist. Ein Facilitator ist immer ein Beispiel für Authentizität und eine positive Haltung.

Das ist aus meiner Sicht eine Menge, was da verlangt wird, und um eine Herzschlag-Retrospektive am Ende einer Iteration zu leiten, müssen Sie sicher nicht ein professioneller Facilitator im Sinne dieses Profils sein. Wichtig ist jedoch, dass Sie sich dieser Aspekte zunehmend bewusst werden, beständig dazulernen und Ihre Arbeit Stück für Stück entsprechend ausrichten.

Werte und Haltungen

Unter dieser Überschrift will ich einige der im vorangegangenen Abschnitt genannten Punkte aufgreifen und vertiefen. Es ist mir wichtig, dabei den Bezug zur Retrospektive herzustellen und konkreter zu zeigen, was in diesem Kontext damit verbunden ist.

Schweigepflicht

Retrospektiven sind Meetings, in denen Veränderung beginnen soll. Mit einem forschenden und offenen Blick auf das Gewesene geht es darum, Veränderungsmöglichkeiten für künftiges Verhalten und Vorgehen zu identifizieren und in Gang zu setzen. Das kann nur gelingen, wenn die Teilnehmer gemeinsam von den Symptomen zum »Schlamassel« [Pfläging 2014] (siehe Kapitel 3, Abschnitt »Schlamassel« auf Seite 40) vordringen, um dort mit den Veränderungen anzusetzen. Um an diesen Punkt zu gelangen, bedarf es einer rückhaltlosen Offenheit in der Kommunikation, die deutlich über die gewohnten Routinen und Muster hinausgeht. So etwas kann nur dann entstehen, wenn jeder Einzelne frei und ohne Angst vor unliebsamen Konsequenzen seine ehrliche Meinung äußern kann. Das ist nicht in jedem Umfeld per se möglich.

In unterschiedlichsten Kontexten gibt es deshalb Verschwiegenheitsregeln oder -konventionen, sei es das Bankgeheimnis, die ärztliche Schweigepflicht, das Beichtgeheimnis oder Verschwiegenheitsklauseln in Anstellungs- und Arbeitsverträgen. Immer geht es darum, jemanden oder etwas vor unliebsamen Konsequenzen zu schützen, die das Bekanntwerden der sensiblen Informationen zur Folge haben könnte. Oder aber darum, eine Atmosphäre und die Voraussetzungen dafür zu schaffen, dass das Äußern vertraulicher und sensibler Informationen überhaupt möglich wird.

Die Vegas-Regel, ursprünglich ein Werbeslogan für Las Vegas, lautet:

> What happens in Vegas, stays in Vegas.

... in der auf Retrospektiven bezogenen deutschen Übertragung [Andresen 2014]:

> Alles, was wir besprechen, bleibt bei denen, die jetzt hier sind. Es sei denn, wir vereinbaren gemeinschaftlich am Ende der Retrospektive eine Öffnung.

In Retrospektiven sorgt die Vegas-Regel dafür, dass sich alle Teilnehmer dessen bewusst sind und sich darauf verlassen können, dass alles Gesagte vertraulich behandelt wird und nicht nach außen dringt – es sei denn, es wird gemeinsam eine teilweise oder vollständige Öffnung vereinbart. Diese Schweigepflicht gilt gleichermaßen für die Teilnehmer und den Facilitator. Erst wenn niemand mehr befürchten muss, dass ihm aus seinen Äußerungen Nachteile erwachsen könnten, können die wirklich wichtigen Themen und Probleme zur Sprache kommen.

Deshalb: Schreiben Sie die Vegas-Regel zum Beispiel auf ein Flipchart-Blatt und hängen Sie das dann für jeden gut sichtbar im Raum auf (Abbildung 1-1 auf Seite 6). Sensibilisieren Sie in »Set the Stage« jedes Mal für diese Regel und fragen Sie spätestens in der Phase »Close the Retrospective« nach, ob eine Öffnung gewünscht wird oder erforderlich ist.

TIPP

Sie können in »Set the Stage« für die Vegas-Regel sensibilisieren, indem Sie die Teilnehmer in einer Timebox von 2 Minuten auf einen Klebezettel schreiben lassen, weshalb sie so wichtig ist. Anschließend stellt einer nach dem anderen seine Gedanken in einem Satz vor und klebt seinen Zettel an die Wand neben das Flipchart-Blatt, auf dem die Regel steht.

Unschuldsannahme

»Eine beklagte Partei gilt so lange als unschuldig, bis ihre Schuld bewiesen ist.« So lautet die *Unschuldsannahme* in juristischen Kontexten. Darüber hinaus gilt der als *Zweifelssatz* bekannte Grundsatz »In dubio pro reo« (lat. »Im Zweifel für den Angeklagten«). Auf diese Weise soll dafür gesorgt werden, dass niemand zu Unrecht verurteilt wird, wenn Zweifel an seiner Schuld bestehen.

In der Retrospektive wird noch einen Schritt weiter gegangen. Mit dem Ziel, die wirklichen Probleme zur Sprache zu bringen, konstruktive Kritik möglich zu machen und Veränderungen und Verbesserungen gemeinsam zu besprechen, soll auf die weitverbreitete Suche nach den Schuldigen vollständig verzichtet werden. Die Basis dafür bildet die Goldene Regel (Prime Directive) für Retrospektiven:

> Regardless of what we discover, we understand and truly believe that everyone did the best job they could, given what they knew at the time, their skills and abilities, the resources available, and the situation at hand. [Kerth 2001]

… in der deutschen Übertragung [Koschek 2013]:

> Ganz egal, was wir entdecken werden: Wir glauben zutiefst, dass jede(r) nach besten Kräften gearbeitet hat, wenn man den aktuellen Wissensstand, die Fähigkeiten und Fertigkeiten, die verfügbaren Ressourcen und die derzeitige Situation zugrunde legt. [Koschek 2013]

Das ist eine Herausforderung, oder? Wie oft haben Sie schon beobachtet, dass jemand *nicht* sein Bestes gegeben und sich *nicht* voll und ganz eingebracht hat? Wie oft, dass Sie gesehen haben, dass jemand zum Beispiel in der Kaffeeküche stand und quatschte, statt konzentriert an den Aufgaben zu arbeiten, die so dringend bis zum Ende der Iteration abgeschlossen werden müssen? Oder jemand im Internet surfte, stundenlang telefonierte, ewig nicht aus der Mittagspause zurückkam?

Und nun sollen Sie mit einem »Wir glauben zutiefst ...« all das vergessen und so tun, als hätte jeder wirklich sein Bestes gegeben? – Ja!

Zum einen: Sie haben das alles *beobachtet*. Es ist *Ihre* Wahrnehmung und nachfolgend *Ihre* Bewertung. Für die andere Person kann aus dem eigenen Kontext heraus dieses Verhalten völlig in Ordnung und zieldienlich gewesen sein. Wer weiß, vielleicht diente das Surfen im Internet der Suche nach einer eleganteren Lösung, möglicherweise hat er sich in der Mittagspause oder in der Kaffeeküche mit jemandem getroffen, der bei der Umsetzung der aktuellen Aufgaben einen wichtigen Hinweis geben konnte. Und dann ist da noch der Teil mit dem »wenn man ... zugrunde legt«. Was wissen Sie im Detail über die Ressourcen, die dem anderen zur Verfügung standen oder in welcher Lage er sich zu diesem Zeitpunkt befand? Haben Sie es hinterfragt? Tatsache ist, Sie können es nicht wissen, ehe Sie es direkt mit der betreffenden Person verifiziert haben. Bis dahin bleibt alles subjektive Beobachtung, beeinflusst durch (eigene) Annahmen, Erwartungen, Vorurteile und Vermutungen.

Zum zweiten: Der Sinn einer Retrospektive ist, zu lernen. Sie ist kein Performance Review. Und in der Goldenen Regel geht es nicht um die Realität in Ihrem Unternehmen oder Ihrem Umfeld, sondern darum, für den Zeitraum der Retrospektive daran zu glauben, dass jeder sein Bestes gegeben hat. Es geht darum, dieser Idee, dieser Möglichkeit für die Dauer der Retrospektive Raum zu geben und so unser Gehirn »auszutricksen«, sodass es in einen idealen Lernmodus kommt. So wird es vielleicht möglich, alle Bewertungen und Schuldzuweisungen für den Augenblick zur Seite zu schieben und gemeinsam zu lernen.

Genau genommen ist unser Gehirn – eher unbewusst – ständig solchen »Tricks« ausgesetzt. Warum sie also nicht zu unserem Vorteil nutzen? [Rising 2008]

TIPP

In Anlehnung an Esther Derby in [Rising 2008] könnten Sie die Werte der Goldenen Regel auch auf die folgende Weise vorstellen:

»Ich versuche, als Facilitator in dieser Retrospektive diesen Werten zu folgen. Das ist nicht immer einfach, und wenn ich dann etwas sehe, das ich vollkommen bescheuert finde, muss ich mich selbst wieder daran erinnern. Nun will ich nicht vorschlagen, dass ihr meine Werte übernehmt, aber überlegt mal: Von einem rein pragmatischen Standpunkt aus ist es viel einfacher, jemanden zu beeinflussen, wenn man ihn noch nicht abgeschrieben hat. Und es ist nahezu völlig unmöglich, von jemandem etwas zu lernen, den man als dumm oder bescheuert eingestuft hat.«

Probieren Sie es einfach einmal aus.

Sobald Schuldzuweisungen ins Spiel kommen, werden Menschen bestrebt sein, sich zu schützen, sich zu rechtfertigen und – sie werden sich verschließen. Sie werden wesentliche Informationen für sich behalten, um nicht am Ende selbst dumm dazustehen. Und das ist das Ende davon, gemeinsam voneinander und miteinander zu lernen.

TIPP

Sie können, ebenso wie bei der Vegas-Regel, am Beginn der Retrospektive von den Teilnehmern kurz in einer Timebox von 2 Minuten zusammentragen lassen, was die Goldene Regel beinhaltet und was ihr Ziel ist. Teilen Sie Zettel und Stifte aus, und los geht's.

Es scheiden sich die Geister, ob man die Goldene Regel am Beginn jeder Retrospektive gemeinsam laut lesen, laut vorlesen, daran erinnern oder sie allein omnipräsent im Raum aufhängen soll.

Ich empfehle, zu Beginn jeder Retrospektive zumindest kurz an den Inhalt der Goldenen Regel zu erinnern, und sorge bei »meinen« Retrospektiven dafür, dass ein Flipchart-Blatt mit dem Text gut sichtbar im Raum hängt (Abbildung 1-2 auf Seite 7). Das hat zumindest bisher noch nie geschadet.

Menschenbild

Die Grundannahme der Goldenen Regel, dass jeder unter Berücksichtigung des gegebenen Kontexts (Ressourcen, Fähigkeiten, Fertigkeiten ...) nach besten Kräften gearbeitet hat, beinhaltet zwei Aspekte, die zusammengehören sollten, wenn Sie Menschen beurteilen – beobachtetes Verhalten *und* Kontext. Häufig neigen Menschen jedoch dazu, den Kontext außer Acht zu lassen und aus dem beobachteten Verhalten direkt auf die Natur des Gegenübers zu schließen. Das Ergebnis: Er wird in eine Schublade gesteckt oder einer Theorie zugeordnet: faul, unkreativ, wenig engagiert, uninteressiert ...

Aus Douglas McGregors Buch »The Human Side of the Enterprise« aus dem Jahr 1960 stammen die Theorien X und Y, um das Verhalten von Menschen in Arbeitskontexten zu unterscheiden. [Pfläging 2014]

Nach Theorie X sind Menschen an Arbeit wenig interessiert. Sie finden sie langweilig und versuchen, das Arbeiten nach Möglichkeit zu vermeiden. Solche Menschen müssen beständig von außen angeleitet und extrinsisch durch Geld, Boni oder die Angst vor dem Jobverlust motiviert werden. Sie vermeiden die Übernahme von Verantwortung und sind in den wenigsten Fällen kreativ, es sei denn, es geht darum, Management-Regeln zu umgehen.

Nach Theorie Y sind Menschen – ein passendes Umfeld vorausgesetzt – an Arbeit interessiert und wollen Sinn, Erfüllung und Freude darin finden. Sie sind intrinsisch (von innen heraus) motiviert, um ihr eigenes Potenzial voll zu entfalten. Sie sind in der Lage, sich selbst zu organisieren und zu führen, und arbeiten kreativ und einfallsreich auf ein akzeptiertes Ziel hin.

Nun fragen Sie sich bitte einmal selbst, wohin Sie gehören. X oder Y? Ich bin sicher, Sie haben sich für Theorie Y entschieden.

Und jetzt denken Sie an Kollegen, Mitarbeiter, Meeting- oder Workshop-Teilnehmer. Wie fällt Ihre Einschätzung für diese Menschen aus? Auch bedingungslos Y oder doch eher X? Nun – da sind diese Situationen, an die Sie sich erinnern, in denen Sie sich vielleicht verzweifelt fragten, warum der eine oder andere sich nicht bewegen wollte, nicht bereit war, Verantwortung zu übernehmen oder Sie mal wieder jeden einzeln anschubsen mussten, ehe überhaupt etwas in Gang kam. Also doch eher Theorie X?!

Sehen Sie, das meinte ich anfangs, als ich über den direkten Rückschluss aus beobachtetem Verhalten auf die Natur des Menschen schrieb. Vergessen Sie bitte nicht – Sie beobachten das Verhalten von Menschen immer in einem Kontext: im Meeting, in der Gruppe, im Team, in der Abteilung, im Unternehmen, in einem Konflikt oder einer Auseinandersetzung. Darüber hinaus bringt jeder Mensch eine Vorgeschichte mit, von der sein Verhalten in der aktuellen Situation zusätzlich beeinflusst wird. Beziehen Sie also möglichst alle Ihnen bekannten Kontextinformationen in die Bewertung ein.

Genau genommen gibt es bisher keinen Beweis, dass X-Menschen überhaupt existieren – außer als Vorurteil in den Köpfen von Führungskräften. Und dieses Bild in den Köpfen wirkt sich direkt auf das Verhalten der Mitarbeiter aus. Führungskräfte haben selten Mitarbeiter, die der entgegengesetzten Theorie zugeordnet werden können. Hängt der Manager der Theorie X an, werden sich seine Mitarbeiter wie X-Mitarbeiter verhalten. Glaubt er hingegen an die Theorie Y, so hat er in der Regel Y-Mitarbeiter. Tauscht man die Führungskräfte aus, werden sich die Y-Mitarbeiter unter einem X-Manager sehr schnell nach Theorie X verhalten. Die X-Mitarbeiter, die nun einen Y-Manager haben, nehmen langsam (wieder) Y-Verhalten an. Das bedeutet: Ganz gleich, was ihre Motivation vorher war, die Mitarbeiter verhalten sich am Ende so, wie ihre Führungskräfte es erwarten [Achor 2011]. Alles ist eine einzige selbsterfüllende Prophezeiung. Man könnte sagen, jeder Manager hat die Mitarbeiter, die er verdient. Und aus diesem Blickwinkel bekommt das alte Sprichwort »Wie der Herr so's Gescherr!« noch einmal eine ganz neue Bedeutung.

Das Gleiche gilt für das Potenzial, das Sie als Facilitator in den Teilnehmern sehen. Sind sie für Sie Kunden im Sinne von »kundig«? Sehen Sie sie als die Experten für ihre eigenen Probleme und Lösungen an? In [Meier 2008] findet sich eine wunderbare Metapher für zwei unterschiedliche Sichtweisen, die Sir John Whitmore, einem der bekannten »Altherren« im Coaching, zugeschrieben wird und gut verdeutlicht, was ich sagen will: Sie können die Teilnehmer »Ihrer« Retrospektive als Wassergläser oder als Eicheln betrachten. Der Unterschied ist enorm!

Gläser sind lediglich Gefäße. Die können gefüllt oder leer sein – oder irgendetwas dazwischen. Wenn das Glas nun leer ist (und das ist in Problemfällen oft der Fall), kommen Sie als Facilitator in Versuchung (und vielleicht auch in die Verpflichtung), dafür zu sorgen, dass es wieder aufgefüllt wird. Sie werden unter Umständen für externe Lösungen sorgen, die die vorherrschende Leere füllen sollen. Aber – was lernen die Teilnehmer dabei? Und – werden sie diese Lösungen annehmen und umsetzen?

Eine Eichel hingegen birgt alles Potenzial und alle Informationen in sich, um einmal ein großer und starker Eichenbaum zu werden. Es braucht eher ein geeignetes Umfeld, damit sich das innere Potenzial entfalten kann – etwas Licht, Wasser, Wärme, Zeit und Raum. Gelingt es Ihnen, Ihre Teilnehmer unter diesem Paradigma zusehen, können Sie sich ganz und gar auf den Prozess konzentrieren, denn die Experten für den Inhalt sitzen dann vor Ihnen und bringen alles mit, um ihre eigenen Lösungen zu (er-)finden. Schaffen Sie ihnen Raum und geben Sie ihnen Unterstützung und Zeit, sich zu entwickeln. Ich kann Ihnen aus eigener Erfahrung empfehlen, diese letztgenannte Sichtweise zu wählen.

Warum gebe ich diesem Thema so viel Raum? Ich denke, Sie können keine Retrospektive moderieren und Menschen beim Lernen unterstützen, wenn Sie sich nicht vorher Gedanken darüber gemacht haben, auf der Grundlage welches Menschenbilds Sie agieren wollen.

Wie immer Sie sich entscheiden: Ihre Annahmen, Erwartungen und Ihr Verhalten beeinflussen in nicht unerheblichem Maße das der Teilnehmer und die Ergebnisse der Retrospektive.

Respekt und Demut

Als Facilitator – ob intern oder extern – sind Sie stets in einer Dienstleisterrolle. Sie begleiten die Teilnehmer durch die Retrospektive, geben Ihnen Raum und einen Rahmen und weisen ihnen vielleicht einen Weg. Sie können den Teilnehmern die Tür zeigen, sie ihnen möglicherweise sogar noch öffnen. Hindurchgehen müssen die Teilnehmer am Ende selbst, denn sie sind die wahren Experten ihrer Probleme und Lösungen.

Es geht also nicht um Sie, sondern um die Teilnehmer der Retrospektive. Es ist *ihr* Meeting, und es sind *ihre* Themen, die sie besprechen wollen.

Selbstreflexion ist aus meiner Sicht eine wesentliche Voraussetzung, um erfolgreich als Facilitator arbeiten zu können. Beobachten Sie sich deshalb hin und wieder selbst. Nur wer es schafft, regelmäßig einen Schritt zurückzutreten und zu schauen, ob er den Teilnehmern gerade nützt oder was er noch tun könnte, um für sie hilfreich zu sein, kann aus meiner Sicht optimal unterstützen. Sicher sollten Sie als Facilitator ein solides Maß an Selbstsicherheit und Selbstvertrauen ausstrahlen, um als Kapazität in Ihrem Fach wahrgenommen zu werden. Dennoch ist unabdingbar, sich selbst zu überprüfen und zu hinterfragen, da Sie sonst Gefahr laufen, eher sich zu inszenieren, als sich mit den Teilnehmern zu verbinden und sie optimal zu unterstützen.

Respekt und Demut im besten Sinne des Wortes sind eine Form von Wertschätzung Ihren Teilnehmern gegenüber.

Ressourcenorientierung

Bevor über Ressourcenorientierung gesprochen werden kann, sollte vielleicht erst einmal geklärt werden, was eine Ressource ist.

Vorab kann ich Ihnen schon einmal sagen, was sie für mich nicht ist: ein Mensch! Menschen als Ressourcen zu betrachten, führt recht schnell dazu, dass jemand versucht, sie zu managen (Human Resource Management), oder beginnt, Ressourcen zuzuweisen oder aufzuteilen (zum Beispiel auf Projekte). Das Gute: Selbst mit diesem Menschenbild bekommt *Ressourcenorientierung* einen positiven Zug – die »Ressource« alias Mensch würde in den Mittelpunkt der Betrachtung gestellt!

Für den Retrospektiven-Facilitator sind Ressourcen eher bestimmte Gegebenheiten, die sich aus dem Kontext oder aus individuellen Fähigkeiten und Fertigkeiten einzelner Teilnehmer oder der gesamten Gruppe ergeben. Sie ermöglichen, wenn man sie erkennt und nutzbar macht, bestimmte Ziele zu erreichen oder insgesamt die Situation wunschgemäß zu gestalten. Beispiele sind Erfahrungen, Gewohnheiten, Ideale, Talente, Positionen, Begabungen, Beziehungen, Motive, Zugehörigkeiten, aber auch Zugang zu finanziellen oder materiellen Mitteln. [Bamberger 2010]

Ressourcen kann man sich wie Werkzeuge vorstellen, die ihrem »Nutzer« ermöglichen, etwas in Bewegung zu bringen oder bestimmte Aufgaben zu erledigen. Diese »Werkzeuge« sind häufig jedoch nicht einfach so da und verfügbar, sondern man muss oft nach ihnen forschen, sie erst entdecken und sie sich dann für die konkrete Situation nutzbar machen.

Ein kleines Beispiel: Sie wollen einen Nagel einschlagen (vielleicht um ein Bild aufzuhängen), haben aber keinen Hammer im Haus. Ihr Nachbar, da sind Sie sich sicher, besitzt einen Hammer. Aber – hat er Sie nicht gestern auf der Treppe merkwürdig angeschaut? Wer weiß, was der von Ihnen denkt? Ach – soll der doch seinen Hammer behalten! Aber was nun? Auf der Suche nach einem geeigneten Werkzeug fällt Ihnen eine Zange in die Hände, und mit der gelingt es Ihnen – vielleicht nicht so perfekt wie mit einem Hammer –, den Nagel einzuschlagen (und das Bild hängt). Wenn Sie jetzt so richtig darüber nachdenken, hätte es selbst mit der kleinen alten Eisenbratpfanne geklappt, die irgendwo ganz hinten im Küchenschrank liegt.

Eine Ressource ist also nicht von vornherein eine Ressource, sondern wird erst dazu, wenn wir sie in der konkreten Situation als solche erkennen und einsetzen. Und – sie muss nicht immer perfekt für den beabsichtigten Zweck geschaffen sein. Man kann sich eine Ressource auch »zurechtbiegen«. Manchmal schlägt man eben auch mit einer Bratpfanne einen Nagel ein, wenn man in der Lage ist, die Pfanne als »Hammer« zu erkennen.

Und – diese wertvollen Hilfsmittel sind nicht einfach vorhanden oder eben nicht vorhanden, sondern werden oft erst unter der ressourcenorientierten Sichtweise eines findigen Facilitators und mithilfe neugieriger Teilnehmer erschlossen und somit verfügbar.

Sie haben es also in der Hand. Halten Sie Augen und Ohren offen und Ausschau zum Beispiel nach:

- bisher verborgenen Talenten und Begabungen der Teilnehmer,
- Beziehungen, die den Teilnehmern nutzen können,
- Zugehörigkeit zu Vereinen oder Communities of Practice,
- Bekanntschaften, die Unterstützung oder Förderung bedeuten können,
- früheren Erfolgen und Erfahrungen
- usw.

Wenn Sie beginnen, gemeinsam mit den Teilnehmern aus dieser Perspektive auf die Themen »Ihrer« Retrospektive zu schauen, entdecken Sie sicher den einen oder anderen Schatz, den Sie gemeinsam heben können.

Neutralität und Bewertungsarmut

So wie man nach Watzlawick »nicht nicht kommunizieren« kann, so kann man auch »nicht nicht bewerten«, denn Bewertungen gehör(t)en zu unserem Überlebensinstrumentarium. Blitzschnell aus dem Anblick eines Stücks gelb-schwarzen Fells die richtigen Schlüsse zu ziehen, sich in Sicherheit zu bringen oder tot zu stellen, kann uns noch immer das Leben retten. Derartige Bewertungsrou-

Community of Practice (CoP)

»Der Ausdruck [...] bezeichnet eine praxisbezogene Gemeinschaft von Personen, die informell miteinander verbunden sind und ähnlichen Aufgaben gegenüberstehen.« [Wikipedia 02]

Diese Communitys organisieren sich selbst, sind in der Regel auf ein bestimmtes Themengebiet ausgerichtet und dienen dem voneinander Lernen und dem Wissensaustausch über alle Grenzen hinweg. Mit der Zeit bauen sie ein umfangreiches Wissen rund um ihr Thema auf und werden so zu einer unschätzbaren Know-how-Quelle.

Einige Beispiele für solche Themen sind Softwarearchitektur, Testen, UI-Design, Agilität, Business Intelligence ...

tinen sind uralt und laufen zum Teil unbewusst ab – weil es dann schneller geht und sich damit die Chancen erhöhen, der großen Katze zu entkommen.

In unserem Alltag im urbanen Dschungel tragen wir eine Menge auch neuerer Bewertungsmuster mit uns herum, die sich im Laufe der Zeit in bestimmten Kontexten als hilfreich und nützlich erwiesen haben. Auch diese Muster laufen nach einer gewissen Zeit automatisiert ab, und schon folgt auf einen bestimmten Reiz von außen, der durch unseren Bewertungsautomaten gelaufen ist, eine Reaktion.

Wir sehen jemanden und denken »Nein, wie sieht der denn aus!«. Wir hören jemanden etwas sagen, und in uns spricht es: »Was ist denn das für ein ...« oder »Das habe ich mir doch gleich gedacht ...«. Solange diese Reaktionen im richtigen Kontext stattfinden und somit hilfreich sind, ist alles gut. Nur leider schert sich unser Bewertungsautomat nicht sonderlich um Kontexte, und so kann es zunehmend passieren, dass unsere Bewertungen nicht mehr hilfreich sind und sich eher störend auswirken. Was im Alltag nun vielleicht zu einer leichten Irritation oder einem Kopfschütteln führt, kann für die Arbeit als Facilitator mehr als hinderlich sein.

Da Sie nun »nicht nicht bewerten« können, bleibt nur, dass Sie sich Ihrer Bewertungen bewusst werden und lernen, in der Zeitspanne zwischen Reiz von außen und Ihrer Reaktion darauf auf Ihre Bewertungen zu schauen und gegebenenfalls noch einmal korrigierend einzugreifen. Das könnte etwa so ablaufen:

Sie hören einen Teilnehmer etwas sagen, und aufgrund eines inneren Vorurteils denkt es in Ihnen: »Na ja, war ja klar, dass der das sagen würde.« Wenn Sie nun alles so lassen, führt das dazu, dass Sie nicht mehr richtig zuhören, was gesagt wird, und vielleicht etwas Wichtiges verpassen. Alternativ könnten Sie sich für einen Augenblick in den inneren Dialog begeben und sich sagen: »Moment! Ich werte ja jetzt gerade. Und zwar aufgrund *meiner* Erwartungen und Vorurteile. Vielleicht sollte ich stattdessen besser weiter aufmerksam zuhören!« Und dann tun Sie das einfach. Mit der Zeit werden Sie darin immer besser werden.

Was Sie damit gewinnen, ist Bewertungsarmut. Sie hegen nicht mehr zu viele Erwartungen und werden Ihr eigenes Wissen und Ihre Erfahrungen zunehmend in den Hintergrund stellen können. Jede Meinung und Haltung ist dann aus der Perspektive dessen, der sie äußert, für Sie erst einmal ebenso gültig wie Ihre eigene oder die von anderen. Jürgen Hargens nennt das »gleich-gültig« [Hargens 2010]. Entscheidend dabei ist der Bindestrich!

Das hilft Ihnen, als Facilitator neutral zu bleiben. Dabei heißt, neutral zu sein, nicht, dass Sie keine eigene Meinung haben, sondern lediglich, dass Sie diese nicht in einer doktrinären Form einbringen, wie etwa: »So soll man das aber nicht machen, sondern so ...!« [Schlippe 2007]. Sie können also sehr wohl Ihre Meinung äußern, dann jedoch zum Beispiel mit den Teilnehmern darüber reflektieren, ob dieser Lösungsansatz zum aktuellen Problem passt, da er vielleicht aus einem anderen, aus Ihrem Kontext stammt.

Es geht bei Neutralität auch nicht darum, sich ganz und gar herauszuhalten, sondern eher für alle Seiten, Themen und Ideen gleichermaßen Partei zu ergreifen, sodass am Ende niemand sagen kann, für wen oder was Sie sich mehr engagiert oder interessiert haben. Dieses Verhalten wird auch als Allparteilichkeit bezeichnet.

In [Schlippe 2007] werden folgende Formen von Neutralität genannt:

Neutralität gegenüber Personen
: Dabei bleibt unklar, auf der Seite welcher Personen der Facilitator steht. Dies hilft dabei, nicht in Konflikte zwischen den Teilnehmern verwickelt zu werden. Gleichzeitig schafft es eine hilfreiche »innere Distanz« zu den Einzelnen und eröffnet damit den Blick aufs Ganze.

Neutralität gegenüber den Problemen und Symptomen
: Es bleibt dabei offen, ob der Facilitator das Symptom oder Problem eigentlich für etwas Gutes oder etwas Schlechtes hält. Ob es schlecht ist, am Ende einer Iteration nicht alles liefern zu können, was man zugesagt hat, oder ob es gut ist, eine Iteration so zu planen, dass alle zur Verfügung stehenden Kapazitäten vollständig ausgenutzt werden. Ob es schlecht ist, wenn der Produktverantwortliche sich selten blicken lässt oder wenn alle Kommunikation zwischen Kunden und Entwicklungsteam über E-Mail oder ein Ticketsystem abläuft. Eine solche Haltung würdigt die Probleme und hilft gegen den Drang, sich sofort einmischen und die Probleme beseitigen zu wollen.

Neutralität gegenüber Ideen
: Es bleibt offen, welche von den in der Diskussion vertretenen Problemerklärungen, Lösungsideen, Werthaltungen und Meinungen der Facilitator bevorzugt. Es bleibt unklar, ob er es gut oder schlecht findet, wenn alle neuen Funktionen erst am Ende einer Iteration auf das Integrationssystem eingespielt werden. Oder was er davon hält, wenn jemand meint, man müsse Tests unbedingt vor dem eigentlichen Programmcode schreiben, oder ein anderer die Idee hat, bereits im laufenden Projekt statt erst an seinem Ende Retrospektiven durchzuführen. Dadurch bleibt der Raum offen für andere und eventuell bessere Ideen als die des Facilitators.

Neutralität in all diesen Formen ist äußerst hilfreich, wenn man als Facilitator in Retrospektiven arbeitet. Sie sollten es jedoch wie bei allen anderen Dingen auch damit nicht übertreiben. Kennen Sie den Spruch »Wer nach allen Seiten offen ist, kann nicht ganz dicht sein«? Wägen Sie ab, wann es angemessen ist und den Teilnehmern hilft, wenn Sie Stellung beziehen. Und dann tun Sie das einfach. Danach können Sie wieder in eine allparteiliche, neutrale Grundhaltung zurückkehren.

Naivität und Erwartungsarmut

Kinder haben sie noch, diese bedingungslose Naivität. Sie sind noch unverdorben durch Erfahrungen, Erwartungen, Sozialisierung, Konventionen, Moral und was sonst noch alles im Laufe unseres Lebens auf uns einstürmt. Und so können sie einfach jede Frage stellen. Und noch eine. Und noch eine. Immer weiterfragen, wenn sie etwas noch nicht verstanden haben. Ohne Scham. Ohne Angst, sich lächerlich zu machen. Frei heraus.

Als Facilitator ist es gut, sich wieder daran zu erinnern, wie das damals war. Und diese Kräfte zu reaktivieren. Dabei unterstützt eine gewisse Erwartungsarmut. Je weniger eigenes Wissen Sie als Facilitator einzubringen versuchen, je weniger Hypothesen auf der Basis Ihrer Kenntnisse und Erfahrungen Sie bilden, desto offener und neugieriger werden Sie bleiben.

Steve de Shazer, dem Vater der lösungsorientierten Beratung und Therapie, wird die Aussage zugeschrieben: »Wer eine Hypothese hat, sollte zwei Aspirin nehmen, sich in eine Ecke setzen und warten, bis der Anfall vorbei ist.« Er selbst hat sich sehr strikt daran gehalten und wusste zu Beginn von seinen Klienten oft nicht mehr als den Namen. Alles andere erfragte er unwissend, neugierig, erwartungsarm und interessiert im Verlauf der Beratungssession.

Agieren Sie als Facilitator aus einer wissenden Haltung, können Ihre Fragen eigentlich nur das an den Tag bringen, was in Ihrem Kopf schon vorgedacht ist. Sobald Sie die Antworten bekommen, die Sie erwarten und die zu Ihrem inneren Modell, Ihrer Hypothese, passen, werden Sie sich möglicherweise zufriedengeben. Sie werden zu fragen aufhören und damit das Gespräch und die Suche vorzeitig beenden.

Wenn Sie jedoch wenig oder keine Erwartungen bezüglich zu erzielender Ergebnisse oder des Verlaufs der Diskussion haben, können Sie offenbleiben für das, was passieren will. Das eröffnet einen Raum für Unerwartetes und Neues. Und genau das ist es doch, was eine Retrospektive braucht.

Geben Sie sich bitte nicht so schnell mit dem zufrieden, was die Teilnehmer Ihnen »auftischen«. Denken Sie an die Aspirin von Steve de Shazer, wenn Sie glauben, jetzt alles verstanden zu haben, und fragen Sie doch noch einmal nach. Vielleicht mit einem »Wie genau?« oder »Und was noch?« oder einem »Und wozu ist das gut?«. Und dann vielleicht noch einmal. Springen Sie ruhig über Ihren Schatten und erlauben Sie sich noch eine weitere Frage, auch wenn in Ihnen alles schreit, dass nun doch wirklich alles klar ist und Sie sich eigentlich nur noch lächerlich machen können. Betrachten und benutzen Sie Ihre Unwissenheit und Ihre Neugier unbedingt als Ressource! Denn vielleicht ist etwas, das nicht der Rede wert zu sein scheint, zumindest »frag-würdig«? [Hargens 2010a] Und dann stellen Sie diese Frage doch!

Praktiken

Während es im vorigen Abschnitt um Werte und Haltungen ging, sind die nun folgenden Themen vielleicht eher Herangehensweisen, eher Ansätze, wie man sich Themen nähert. Dennoch liegt hinter all dem gleichzeitig auch immer eine wertschätzende Grundhaltung, die dem Vorgehen Authentizität und Glaubwürdigkeit verleiht.

Sich selbst Regeln geben

In einer der ersten Retrospektiven können Sie mit den Teilnehmern eigene Regeln für die Zusammenarbeit in Meetings erarbeiten. Dabei geht es nicht um generische, global galaktische Regeln wie »Jede Meinung ist im aktuellen Kontext des Sprechers richtig«, »Jeder hat das Recht auf freie Meinungsäußerung« oder »Wir setzen uns für die Würde eines jeden Menschen ein« – obwohl all das wichtig und richtig ist –, sondern um ganz praktische Vereinbarungen, die allen die Zusammenarbeit erleichtern.

Zum Beispiel können die Teilnehmer für sich festlegen, dass

- jeder eine maximale Sprechzeit von 2 Minuten zur Verfügung hat,
- jede Meinung akzeptiert wird, ohne sie sofort zu bewerten,
- jeder bei sich bleibt, statt für andere zu sprechen,
- keine Witze auf Kosten anderer gemacht werden,
- ein Notebook nur von demjenigen benutzt werden darf, der gerade präsentiert,
- alle Telefone während des Meetings abzuschalten sind.

Ein solches kleines Regelwerk zu erstellen, kann initial etwa 10 bis 15 Minuten in Anspruch nehmen, zahlt sich jedoch in späteren Retrospektiven und anderen Meetings aus. Dann braucht es nur noch ein kurzes Review dieser Grundregeln und die Frage, ob Ergänzungen oder Anpassungen erforderlich sind. Danach sind die Regeln für das anstehende Meeting bei allen wieder präsent.

Weshalb es sich lohnt, solche Regeln zu erarbeiten, zeigt das folgende Beispiel: Das Telefon eines Teilnehmers klingelt genau in dem Moment, als gemeinsam ein sensibles Problem bearbeitet wird. Jetzt als Facilitator einzuschreiten und zu verbieten, den Anruf entgegenzunehmen, fühlt sich für alle Beteiligten zumindest befremdlich an. Es kann eine längere Diskussion nach sich ziehen, und auf jeden Fall ist die Fokussierung der Teilnehmer auf das eigentliche Thema gestört. Wurde ein solcher Fall vorher besprochen und festgeschrieben, genügt ein Verweis auf die Regeln, und die Arbeit kann weitergehen. Das ist weniger störend und für alle Teilnehmer transparent und fair.

Im Sinne von »Jeder ist Experte seiner Situation« sollten Sie jedoch nicht vergessen, dass auch jede Ausnahme die Regel bestätigt. Wenn zum Beispiel die Frau eines der Teilnehmer hochschwanger ist, sollte er in jedem Fall selbst entscheiden dürfen, ob und wann er einen Anruf annimmt.

Indem die Teilnehmer ihre eigenen Regeln aufstellen, kann auch jeder Einzelne Verantwortung für deren Einhaltung übernehmen. Das machen Sie sich als Facilitator zunutze, indem Sie am Beginn eines Meetings die Teammitglieder bitten, Sie zu unterstützen und auf die Regeln zu achten. Damit gewinnen Sie selbst mehr Freiraum für Ihre eigentliche Arbeit, das Facilitieren.

Den Rahmen geben

Wenn man so will, kann man Beratung grob in zwei Arten einteilen: Expertenberatung und Prozessberatung. Zwischen diesen beiden Polen – Experte und Prozessbegleiter – positioniert sich jede Art von Beratungs-, Moderations- oder Facilitationstätigkeit. Beide Seiten werden, je nach Kontext, zu unterschiedlich großen Anteilen eine Rolle spielen. Es ist stets Ihre Entscheidung und abhängig von der Aufgabe, die Sie bearbeiten, in welchem Verhältnis Sie Expertise und Naivität in Ihre Arbeit einfließen lassen (können).

Erinnern Sie sich noch an die Metapher von Glas und Eichel? Experten sind diejenigen, die leere Gläser mit ihrer Expertise füllen. Das ist ihr Auftrag, und dazu werden sie gerufen.

Sie als Facilitator sind in erster Linie ein Prozessbegleiter. Sie geben einem Meeting den Rahmen.

- Zuallererst: Sorgen Sie gut für sich selbst. Schaffen Sie sich eine Atmosphäre und ein Umfeld, in dem es Ihnen Freude macht, zu arbeiten. Wenn es Ihnen gut geht, werden Sie das auch ausstrahlen. Und das kann und wird sich auf die Atmosphäre in der Retrospektive positiv auswirken. Was es dazu braucht, wissen Sie sicher selbst am besten. Deshalb noch einmal: Sorgen Sie gut für sich selbst.
- Beschaffen Sie einen geeigneten Besprechungsraum und passendes Moderationsmaterial und finden Sie die richtige Tageszeit für die Retrospektive.
- Öffnen Sie einen sicheren und geschützten Raum, indem Sie dafür Sorge tragen, dass alles, was besprochen wird, auch in diesem Raum bleibt (Vegas-Regel). Fördern Sie wertschätzende Kommu-

nikation und schreiten Sie ein, wenn die Atmosphäre durch gegenseitige Schuldzuweisungen belastet wird (Goldene Regel).

- Stecken Sie mit dem Thema der Retrospektive den inhaltlichen Rahmen ab.
- Wählen Sie sorgfältig Aktivitäten für die einzelnen Phasen der Retrospektive aus, entwickeln Sie eine Struktur für das Meeting und behalten Sie die Uhr im Blick. Sorgen Sie dafür, dass Sie einen Plan B haben und den Teilnehmern zusätzliche Zeit verschaffen können, wenn es gerade nötig ist.
- Bleiben Sie ergebnisorientiert und holen Sie die Teilnehmer immer wieder zurück, wenn Sie das Gefühl haben, dass diese gerade das Ziel etwas aus den Augen verloren haben.
- Fragen Sie nach, wenn Sie etwas nicht verstehen. Je ahnungsloser Sie sind, umso besser. Je weniger schnell Sie sich mit Antworten zufriedengeben, umso hilfreicher werden Sie für das Meeting sein (auch wenn das manchmal Überwindung kostet).
- Sorgen Sie für eine Kleinigkeit zu essen oder zu naschen.

Fachlich sollten Sie sich raushalten, auch wenn es hin und wieder verlockend sein kann, sich einzubringen und sich auf die *Inhalte* der Retrospektive zu fokussieren.

Entscheidend ist: Die Teilnehmer brauchen einen geeigneten Rahmen, um ihre *eigenen* Lösungen zu erarbeiten. Das erhöht die Wahrscheinlichkeit, dass sie angenommen und umgesetzt werden. Bei fremden Ideen und Lösungen von außen hingegen zeigt die Erfahrung, dass eher Gründe gesucht werden, warum es nicht funktionieren kann (»Hab ich doch gleich gesagt, dass das nichts wird!«), statt sie umzusetzen. Vor allem dann, wenn dazu eigener Einsatz und eigene Veränderung erforderlich sind.

Geben Sie den Teilnehmern diesen Rahmen, in dem Lernen Freude macht.

Rollenklarheit schaffen

Aus meiner Sicht ist es ganz entscheidend, dass allen Teilnehmern der Retrospektive zu jeder Zeit klar ist, aus welcher Rolle Sie als Facilitator gerade kommunizieren. Ansonsten sind Missverständnisse vorprogrammiert.

Ein Beispiel: Vor Jahren war ich Leiter einer Entwicklungsabteilung, in der mit Scrum gearbeitet wurde. In diesem Kontext besetzte ich damals mehrere Rollen. Ich war Vorgesetzter, Berater, Coach, zeitweise Scrum Master und Product Owner, Entwickler, Kollege und ... Rolf. Aus jeder dieser Rollen hat die Aussage: »Das Problem muss bis Freitag gelöst werden.« einen anderen Klang. Und oft genug fragten sich meine Kollegen, wer da eigentlich gerade spricht. Der Berater? Der Scrum Master? Der Kollege? Oder am Ende doch der Vorgesetzte – was die Dringlichkeit erhöht, die Motivation aber vielleicht drückt, weil es als Eingriff in die Selbstorganisation des Teams verstanden wird? Eine Zeit lang war ich hin und wieder verwirrt, weil nicht passierte, was ich erwartet hatte. Oder weil sich vielleicht gar nichts regte. Später, als ich das Dilemma meiner Kollegen verstanden hatte, habe ich mich darum bemüht, Klarheit darüber zu schaffen, aus welcher Rolle ich gerade kommuniziere. Wenn es zum Beispiel nötig war, den Vorgesetzten zu bemühen, dann kam ganz klar: »Jetzt spricht Rolf der Chef, und der sagt: Das Problem muss bis Freitag gelöst werden«. Oder: »Als Scrum Master frage ich euch: Was hält euch davon ab, bis Freitag eine Lösung zu finden?«. Oder: »Einfach so als Rolf würde ich sagen ...«.

Wenn ich Retrospektiven in meinem eigenen Team moderierte, hatte ich es mir aus dem gleichen Grund zur Angewohnheit gemacht, einen großen dicken Flipchart-Stift in der Hand zu halten. Das war für die Teilnehmer (und auch für mich!) das Signal, dass ich mich nur auf den Prozess konzentrierte und Facilitator war. Konnte ich der Versuchung nicht widerstehen, etwas zur inhaltlichen Diskussion beizutragen (schließlich war ich ja auch Teil dieses Teams!), legte ich den Stift mit den Worten »Ich wechsele jetzt mal in die Teammitglied-Rolle« aus der Hand. Einige Zeit später nahm ich den Stift mit den Worten »Ich gehe jetzt in die Moderatoren-Rolle zurück« wieder gut sichtbar auf. Damit war

Rollenklarheit geschaffen. Einer meiner Kollegen benutzte in einer vergleichbaren Situation später einen Schraubenschlüssel, den er in der Hand hielt.

TIPP

Treten Sie für die Teilnehmer deutlich sichtbar aus Ihrer Facilitatoren-Rolle heraus, indem Sie zum Beispiel einen Hut aufsetzen oder einen größeren Gegenstand gut erkennbar in die Hand nehmen. Nun können Sie für eine kurze Zeit zum Beispiel wie ein Teilnehmer agieren.

Legen Sie den Hut oder Gegenstand wieder ab, wenn Sie in die Facilitatoren-Rolle zurückkehren.

Sind Sie externer Facilitator, der keinen oder kaum Bezug zum fachlichen Thema und zum Inhalt der Diskussion hat, ist Ihre Situation in der Regel klar. Sie können sich voll und ganz darauf konzentrieren, den Raum, die Struktur und den Prozess im Auge zu behalten, und die Teilnehmer mit geeigneten Aktivitäten, gezielten Fragen und Interventionen beim Lernen unterstützen. Sie sollten der Versuchung widerstehen, inhaltlich direkt etwas beizutragen, selbst wenn Sie vor eigenen Ideen übersprudeln! Vielleicht lässt sich ein eigener Beitrag oder eine Anregung auch als eine (mehr oder weniger suggestive) Frage formulieren?

Wenn Sie nicht nur Facilitator, sondern auch als Domainexperte bekannt sind, kann es Ihnen allerdings passieren, dass Sie von den Teilnehmern selbst aufgefordert werden, inhaltlich etwas beizutragen. Dann hilft unter Umständen nur Abgrenzung und organisierte Selbstoffenbarung.

Ein Beispiel: Gemeinsam mit einem Kollegen arbeitete ich als Coach mit einem Team, das mit seiner derzeitigen Arbeitsweise und seinem Umfeld recht unzufrieden war. Die Arbeit stürzte immer wieder ungeplant auf das Team ein, alles hatte Priorität A+, und gefühlt verschob sich täglich der Fokus der Fachabteilungen. Wir kamen ins Spiel, um mit dem Team den Einsatz agiler Vorgehensweisen zu evaluieren und bei der Einführung zu unterstützen.

Nach einer Phase der initialen Wissensvermittlung war unser Ansatz für das weitere Vorgehen, dass wir dem Team durch regelmäßige Retrospektiven bei der Entwicklung eigener Lösungen für ihr Umfeld helfen, also den Prozess facilitieren. In einer der ersten dieser Retrospektiven passierte es dann. Einer der Teilnehmer sagte sinngemäß: »Das ist ja schön, dass ihr uns hier mit psychologischen Methoden und Workshop-Spielen zu irgendetwas drängeln wollt. Aber wir wollen Lösungen, keine Fragen. Ihr seid doch die Experten. Wir wollen von euch wissen, was man da machen kann!« Nach einem Moment der Stille offenbarte ich mich – mit einem Ja, aber –, um dann wieder zum Facilitator zu werden: »Ich möchte euch wahnsinnig gern mit Patentrezepten helfen. Ich finde eure derzeitige Situation auch alles andere als toll und würde sie so gern schnell auflösen und verbessern. Das Dumme ist nur, dass das dann meine Lösungen sind. Nicht eure. Dass sie vielleicht gar nicht passen, weil ich eure Situation nicht richtig verstanden habe. Glaubt mir, ich will wirklich gern etwas verändern, aber das geht nur mit euch. Und durch die Lösungen, die zu euch passen, weil ihr sie selbst entwickelt habt. Dabei will ich gern weiter unterstützen.« Erst später fiel mir ein, dass die ganze Zeit eine der von uns einmal vorgeschlagenen Lösungen direkt neben mir an der Wand hing – ein Task-Board, das niemand benutzte.

Sind Sie als Facilitator selbst Mitglied des Teams, erfordert diese Rolle von Ihnen aus meiner Erfahrung ein ungeheuer hohes Maß an Disziplin. Machen Sie sich dann bitte von Anfang an unbedingt klar, dass Sie in dieser Rolle nur für den Prozess verantwortlich sind. Es ist durchaus normal, dass Sie zum diskutierten Sachverhalt beitragen wollen. Schließlich werden in der Retrospektive Dinge besprochen, in die Sie selbst involviert waren und sind. Vielleicht gibt es Themen, die Sie unbedingt zur Sprache bringen und diskutieren wollen. Wenn Sie nun intransparent die Rollen wechseln und für kurze Zeit zum Teammitglied werden, um dann wieder zurückzuspringen und zu moderieren, kann bei allen Beteiligten Verwirrung entstehen. Es wird einfach nicht klar, wer da gerade aus Ihnen spricht. Für die Teilnehmer sind Sie immer noch der Facilitator. Meine Empfehlung: Bleiben Sie möglichst in Ihrer Facilitator-Rolle. Wenn Sie dennoch etwas beitragen möchten, dann machen Sie Ihre Rollenwechsel – vielleicht wie im Tipp beschrieben – für alle deutlich sichtbar.

Bleibt die Frage, ob es überhaupt sinnvoll ist, Retrospektiven zu facilitieren, wenn man selbst inhaltlich involviert ist. Oder holt man sich besser externe Unterstützung?

Im Sinne der Rollenklarheit während der Retrospektive und mit Blick auf den Fokus jedes Teilnehmers halte ich es für sinnvoll, sich durch einen externen Facilitator unterstützen zu lassen. Der muss nicht zwangsläufig von außerhalb des Unternehmens kommen. Vielleicht können ja zum Beispiel Teams, die regelmäßig am Ende jeder Iteration eine Retrospektive durchführen, sich gegenseitig bei der Moderation unterstützen. Oder Sie gründen in Ihrem Unternehmen eine Facilitatoren-Tauschbörse. ;o)

Fragen fragen

Erinnern Sie sich noch, wie das war, als wir als Kind unsere Eltern immer wieder mit Fragen gelöchert haben, als wir alles über die Welt wissen wollten? Als wir noch nicht auf alles eine Antwort hatten?

Dann begann die Schulzeit, und von den Lehrern wurde »die meiste Zeit [...] darauf verwendet, illegitime Fragen zu stellen und Antworten einzufordern. Eine Frage ist dann, so möchte ich es definieren, illegitim, wenn ihre Antwort bereits bekannt ist. [...] Legitime Fragen sind dagegen echte Fragen: Für sie existiert noch keine fertige Antwort.« [Foerster 2011]

Als Facilitator helfen Ihnen nur legitime, echte Fragen, mit denen Sie sich gemeinsam mit den Teilnehmern auf die Suche nach Antworten begeben und bei denen es kein richtig und falsch gibt. Höchstens ein *anders*. Mit solchen Fragen öffnen Sie Möglichkeitsräume und neue Perspektiven.

Ein wesentlicher Punkt Ihrer Arbeit in der gemeinsamen Kommunikation besteht darin, dass Sie sich an die eigene Frage erinnern, der Antwort genau zuhören und sie mit eigenen Informationen abgleichen, um daraus die nächste Frage zu entwickeln. Fragen ergeben sich also aus dem Zuhören. [Hargens 2010]

Im Folgenden will ich Ihnen nun einige Arten zu fragen vorstellen.

Noch eins vorab: Stellen Sie eine Frage nur, wenn Sie wirklich an der Antwort interessiert sind!

W-Fragen – immer offen bleiben

Grundsätzlich ließe sich unterscheiden zwischen geschlossenen und offenen Fragen. Auf beide werden Sie Antworten erhalten, fragt sich nur, auf welche Weise Sie mehr erfahren. Sie können fragen: »Na, geht's gut?« oder auch »Wie geht es dir?«. Durch welche dieser beiden Fragen werden Sie mehr Informationen erhalten – vorausgesetzt, Sie sind an der Antwort wirklich interessiert?

Ein weiteres Beispiel: Sie möchten von den Teilnehmern erfahren, wie die Kunden die letzte gelieferte Version des Produkts beurteilt haben.

Variante 1: »Hat den Kunden die neue Produktversion gefallen?«

Mögliche Antworten: »Ja«, »Nein«, »So lala«, »Weiß nicht«

Variante 2: »Wie hat den Kunden die neue Produktversion gefallen?«

Mögliche Antworten: »Super!«, »Ganz gut«, »Keine Idee«, »Na ja, mittelprächtig«, »Die fanden's ganz gut, aber ...«

Variante 3: »Welches Feedback hat es von den Kunden zur neuen Produktversion gegeben?«

Mögliche Antworten: »Die neue Benutzeroberfläche ist sehr gut angekommen. Vor allem die Struktur auf der Startseite und die neuen Farben ...«, »Bei der Datenmigration gab es anfangs Schwierigkeiten. Das konnten wir jedoch relativ einfach beheben, und seitdem höre ich nur Positives ...« usw.

Während die Teilnehmer auf die erste (geschlossene) Variante eigentlich nur mit Ja oder Nein antworten können, eröffnen Sie spätestens mit Variante 3 einen weiten Raum an Antwortmöglichkeiten. Wenn Sie nun aufmerksam zuhören, fällt es Ihnen sicher nicht schwer, die nächste Frage zu stellen. Und in Anlehnung an

Heinz von Foerster [Foerster 1994] könnte man dafür einen »Facilitator's Imperativ« formulieren: »Frage stets so, dass die Anzahl der Antwortmöglichkeiten wächst!«

Das Schöne an offenen Fragen ist, dass sie zum Denken anregen. Sie eröffnen andere Perspektiven, denn in jeder Frage schwingt implizit auch immer eine Aussage mit, die die gewohnte Art, wie die Dinge gesehen werden, potenziell verstören kann. So wie man nach Watzlawick »nicht nicht kommunizieren« kann, ist es auch unmöglich, Fragen zu stellen, ohne in der befragten Person eigene Ideen anzustoßen. [Schlippe 2007]

Alle Fragewörter, die mit W anfangen, führen in der Regel zu offenen Fragen:

- »Wie kommen wir an diesem Punkt weiter?«
- »Wann treffen wir uns, um die Einzelheiten zu besprechen?
- »Wo sollen die Ergebnisse im Wiki abgelegt werden?«
- »Wer kann bei der weiteren Vorbereitung unterstützen?«
- »Welche Themen wollen wir uns im Folgenden genauer ansehen?«
- »Wozu können wir diesen Ansatz noch benutzen?«
- »Womit ist das vergleichbar?«
- »Wohin führen uns diese Fragestellungen, wenn wir sie zu Ende denken?«
- »Was wird anders sein, wenn heute Nacht ein Wunder geschieht?«

Sie können die Liste sicher selbst weiter fortführen.

Ein Fragewort mit W habe ich hier bewusst ausgelassen: »Warum«.

Warum? Ich denke, dass »Warum« häufig der Suche nach Ursachen dient, somit auf der Problemebene bleibt und Problemsprache fördert. Darüber hinaus steckt in manchem »Warum« ein impliziter Vorwurf, der eine Rechtfertigungshaltung auslöst. Und im Rechtfertigungsmodus lässt es sich nur schwer lernen. Vielleicht können Sie zukünftig das eine oder andere »Warum« durch ein

»Wozu« ersetzen, denn das lädt eher dazu ein, eigene Gedanken zu äußern, als Entschuldigungen vorzubringen.

Eine Ausnahme bildet die Methode der »Fünf Warums«. In diesem Fall sollen gezielt Ursachen ergründet werden, indem fünf Mal hintereinander »Warum?« gefragt wird. Die Annahme ist, dass man sich beim vierten oder fünften »Warum?« so langsam der Wurzel, dem »Schlamassel«, hinter dem Problem nähert (siehe Kapitel 3, Abschnitt »Hinter die Ursachen schauen« auf Seite 41).

Nun, mehrere Male hintereinander »Warum?« zu fragen, erlaubt man im Normalfall höchstens Kindern (und, mal ehrlich, auch da wird das mit der Zeit anstrengend). Das Maß an Naivität, das Sie als Fragender dabei an den Tag legen (müssen), kann Ihr Gegenüber hochgradig irritieren und verärgern. Wenn Sie diese Methode also als Fragetechnik in der Retrospektive oder anderswo einsetzen wollen, kündigen Sie das gut an.

Sie können nun beginnen, in Ihrer täglichen Arbeit Ihren Fragen immer noch einmal kurz nachzuspüren. War diese Frage jetzt geschlossen oder offen? Und wenn offen – hätte ich sie vielleicht noch etwas anders formulieren und so mehr erfahren können? Vielleicht läuft nach einer gewissen Zeit des »Trainings« diese kleine Schleife bereits, ehe Sie die Frage ausgesprochen haben. Das gäbe Ihnen dann die Möglichkeit, noch einmal umzuformulieren.

Vielleicht müssen Sie nun aber auch nicht gleich jede Frage offen stellen. Im beruflichen Kontext, in Retrospektiven oder anderen Meetings, in Beratungs- oder Coaching-Situationen sind diese Fragen angebracht. Zu Hause und im privaten Kontext können offene Fragen unter Umständen zu unnötiger Irritation führen. Da ist es sicher völlig in Ordnung, wenn Sie fragen: »Kommst du frühstücken?«.

Skalierungsfragen

Manchmal möchten Sie vielleicht »messen«, was man eigentlich nicht messen kann. Gerade in Kontexten, die stark technisch geprägt sind, kann es helfen, die möglicherweise ungewohnten Fragen nach Gefühlen, Befinden und qualitativen Einschätzungen zu quantifizieren oder ein wenig zu »technisieren«.

Aber: Wie soll man Bauchgefühl messen? Wie persönliche Einschätzungen greifbarer machen? Wie Unterschiede und Fortschritte mit einfachen Mitteln visualisieren?

Angenommen, Sie arbeiten gerade mit den Teilnehmern daran, die Iterationen verlässlicher zu planen. Deshalb fragen Sie, wie die Teilnehmer die Ergebnisse der letzten Iteration einschätzen.

Variante 1: »Wie schätzt ihr die Ergebnisse der letzten Iteration ein?«

Mögliche Antworten: »Hmmm« ... »Na ja, eigentlich ganz okay.« ... »Weiß nicht, hätte besser laufen können.« usw.

Variante 2: »Wie schätzt ihr die Ergebnisse der letzten Iteration auf einer Skala zwischen 1 und 10 ein, wobei 1 total unbefriedigend bedeutet und 10 für Volltreffer steht?

Mögliche Antworten: »5« ... »Hmmm – 7« ... »6« ... »7« usw.

Spüren Sie den Unterschied? Sie haben, indem Sie die beiden Enden der Skala benennen, einen Maßstab geschaffen, um Einschätzungen miteinander zu vergleichen und zu besprechen.

An dieses greifbare Ergebnis können Sie nun anschließen, zum Beispiel mit den Fragen:

- Oh, 5 bis 7, das ist ja schon mehr als der halbe Weg bis zur 10! Was, meint ihr, hat dabei geholfen, dass ihr heute schon dort steht?
- Wenn ich unsere Kunden fragen würde, welche Einschätzung würden sie mir geben?
- Warum, glaubt ihr, würden unsere Kunden das Ergebnis so einschätzen?
- Ganz gleich, was jeder Einzelne von euch für eine Zahl genannt hat – was wäre zu tun, um in der nächsten Iteration mindestens einen Punkt besser zu werden?
- Und was noch?

- Was müsstet ihr tun – oder lassen, um einen Punkt schlechter zu werden?

Diese Art zu fragen ist vielfältig einsetzbar. Lassen Sie Ihrer Fantasie freien Lauf. Zudem brauchen Sie gar nicht festzulegen, was die Skalenwerte für jeden Einzelnen genau bedeuten. Entscheidend ist, dass man nun über Unterschiede und Fortschritte quantifiziert sprechen kann. Ideal – nicht nur für Techniker.

Die Wunderfrage

Diese Frage ist eine mehrteilige Frage, in der es darum geht, den Zielzustand, also die »bessere« Zukunft ohne die bekannten Probleme, so gut wie möglich zu (er-)finden und die Konsequenzen daraus gründlich unter die Lupe zu nehmen. Wichtig ist deshalb, sich auch genügend Zeit dafür zu nehmen.

Die Wunderfrage ist für mich eine der schönsten und wertvollsten Fragen. Und sie kann irritierend sein, wenn die nötige Vorbereitung fehlt. Man kann sie wie ein wertvolles Geschenk betrachten, das sorgfältig eingepackt werden sollte, um auf die angenehme Überraschung vorzubereiten. [Meier 2008]

Worin besteht nun das Wundervolle der Wunderfrage? Weiter unten in diesem Kapitel (Abschnitt »Lösungsorientierung« auf Seite 126) werde ich noch genauer beschreiben, dass es beim lösungsorientierten Arbeiten darauf ankommt, den Übergang vom Problemraum in den Lösungsraum und den Wechsel von Problemsprache zu Lösungssprache zu vollziehen. Hier reicht es, zu verstehen, dass zwischen dem Jetzt und der Lösung, der perfekten Zukunft, das steht, was sich das Problem oder die Herausforderung nennt und den direkten Zugang verstellt. Aber angenommen, wir könnten uns in unsere perfekte Zukunft »beamen«? Mit einer Frage? Mit der Wunderfrage?

Wer glaubt schon noch an Wunder? Das ist der Grund, weshalb Sie die nun kommende Frage gut einleiten sollten. Vielleicht, indem Sie schon darauf hinweisen, dass jetzt etwas Merkwürdiges, unter Umständen Verrücktes kommt.

Sie könnten vielleicht so anfangen:

»Wisst ihr, als Facilitator (Berater/Coach/Trainer/Entwickler/Ingenieur/ ... setzen Sie ein, was Sie mögen und was zu Ihnen passt) kommen einem manchmal die verrücktesten Ideen. Als wir gerade über ... sprachen, dachte ich:

Mal angenommen, die Retrospektive ist zu Ende und jeder erledigt noch all die Dinge, die heute zu tun sind. Dann gehen wir irgendwann ins Bett und schlafen ein. Und in der Nacht – ohne dass wir es bemerken, denn wir schlafen ja tief und fest – kommt eine Fee, so wie im Märchen, und vollbringt ein Wunder. Und alle Probleme und Hindernisse, über die wir eben diskutiert haben, sind auf einen Schlag verschwunden. Weg. Nicht mehr da.

Woran werden wir morgen früh bemerken, dass das Wunder geschehen ist?«

Damit sind Sie im Lösungsraum und der perfekten Zukunft angekommen. Jetzt beginnt das Entdecken und Erkunden. Folgende Fragen an die Teilnehmer helfen nun dabei, tiefer in die perfekte Zukunft vorzudringen:

- Wer wird es als Erster bemerken? Und wer danach?
- Was genau wird anders sein?
- Was noch? Und was noch? ...
- Was werdet ihr dann anders machen?
- Was noch? Und was noch? ...
- Wenn ihr nun ... nicht mehr macht, was macht ihr stattdessen?
- Was werdet ihr am meisten vermissen?
- Wer außer euch wird bemerken, dass das Wunder geschehen ist? Woran? ...
- Wann wird (der Vorgesetzte, der Kunde, der Lebenspartner ...) das Wunder bemerken? Woran? ...

Frage um Frage (er)schaffen Sie mit den Teilnehmern eine immer detailliertere Vision von dem, was (möglicherweise) sein wird. Und mit jedem Detail wird diese mögliche Realität greifbarer.

Ausgehend von dieser Vision, können dann nächste Schritte geplant werden, um aus dem Jetzt dorthin zu gelangen. Das Problem wird dabei lediglich als Ausgangspunkt der Reise gebraucht und spielt später eine vernachlässigbare oder gar keine Rolle mehr.

Verschlimmerungsfragen

Es kann Momente geben, in denen Sie vielleicht mit all Ihren Fragen nach Ausnahmen und Verbesserungen auf der Stelle treten. Unter Umständen fühlen sich die Teilnehmer nicht für den Sachverhalt verantwortlich. Dass sie selbst aktiv am Geschehen beteiligt sind, wird von ihnen vielleicht gar nicht erkannt. Der berühmte »Blinde Fleck« blockiert die Sicht auf die Eigenbeteiligung. [Salomon 2010]

Wenn gar nichts anderes mehr zu helfen scheint, könnten Sie sich überlegen, die Teilnehmer mit Ihrer nächsten Frage etwas zu irritieren. Wenn also alles Suchen nach Wegen der Veränderung in Richtung auf das angestrebte Ziel nicht weiterführt, warum dann nicht einmal nachfragen, was eigentlich passiert, wenn alles so bliebe? Oder was passieren muss, dass es noch schlimmer wird? Das sind dann Fragen wie:

- Was passiert, wenn ihr alles so weiterlaufen lasst und gar nichts tun würdet?
- Was müsstet ihr tun, um die Situation noch zu verschärfen, um das Problem noch zu steigern?
- Und was noch?
- Was wäre zu tun, um das Thema komplett zu sabotieren?
- Wer könnte am meisten dazu beitragen?
- Wer würde es zuerst bemerken? Woran?

Mit diesen Fragen (wie mit allen anderen auch) unterstellen Sie implizit, dass das Problem etwas ist, das man beeinflussen kann. Und wenn es sich durch die gefundenen Mittel verstärken, verschlimmern oder sabotieren lässt, haben Sie gemeinsam auch Hinweise darauf erarbeitet, wie eine Veränderung in die andere Richtung möglich ist. Zum Beispiel, indem sich die Teilnehmer dazu entschließen, das Gegenteil davon auszuprobieren.

Sprache

Retrospektiven sind Meetings, Versammlungen, Zusammenkünfte ... In ihnen wird über Erfolge, Probleme, Ziele, Herausforderungen, Maßnahmen, Konflikte, Freude oder Ärger *gesprochen*. Eine Retrospektive besteht genau genommen aus *Sprache*, denn alles, was die Beteiligten miteinander tun, ist – sprechen. Deshalb lohnt es sich, einen kurzen Blick auf den Gebrauch von Sprache zu werfen.

Wortwahl

Das Interessante an Sprache ist, dass wir in der Lage sind, uns eine/unsere Welt zu erschaffen, indem wir miteinander sprechen. Abhängig davon, wie wir Dinge benennen, welchen Namen wir ihnen geben, werden wir und andere sie auch wahrnehmen.

Beispiel 1: Sie sprechen mit einem Entwicklungsteam über eine neue Anforderung. Die Entwickler zeigen Ihnen dann, was sie dazu umgesetzt haben, mit den Worten:

- Wir haben dazu schon mal was gebastelt, um diese Anforderung umzusetzen.

  oder

- Wir haben uns das Thema näher angeschaut und eine passende Funktion entworfen und implementiert.

Fragen Sie sich selbst, welche dieser Aussagen Ihnen eher das Gefühl gibt, mit einem professionellen Partner zusammenzuarbeiten.

Dieses Beispiel stammt wirklich mitten aus dem Leben. Sie glauben nicht, wie oft ich schon in den unterschiedlichsten Kontexten von gestandenen Entwicklern gehört habe, sie hätten etwas »gebastelt«. Nachdem ich dieses »Basteln« oft genug hinterfragt hatte, passierte es dann eines Tages, dass ein Kollege sagte: »Wir haben da schon mal einen Report gebastelt ... und der ist wirklich nur gebastelt!« Da hatte ich das Gefühl, meine Anregungen bezüglich Sprachgebrauch sind angekommen.

Beispiel 2: Sie unterhalten sich mit dem Leiter Ihres Projekts über eine Verstärkung des Entwicklungsteams, und er sagt Ihnen:

- Dem Projekt werden demnächst weitere Ressourcen zugewiesen.

  oder

- Wir werden das Projektteam um weitere erfahrene Mitarbeiter verstärken.

Urteilen Sie selbst: Welches Menschenbild wird mit der einen und der anderen Aussage transportiert? Wer Menschen, Mitarbeiter, Kollegen als Ressourcen bezeichnet, wird sie möglicherweise auch als solche sehen und behandeln. Von da ist es nicht mehr weit, bis sie prozentual zwischen mehreren Projekten aufgeteilt werden.

Wann immer Ihnen so etwas auffällt, lohnt es sich im Interesse eines guten (sprachlichen) Miteinanders, zumindest darauf hinzuweisen und dafür zu sensibilisieren.

Paraphrasieren

Beim Sprechen und Verstehen wird das Leben noch zusätzlich durch etwas erschwert, was Heinz von Foerster das hermeneutische Prinzip nennt: »Der Hörer, nicht der Sprecher, bestimmt die Bedeutung einer Aussage.« [Foerster 2011]. Wir können also, wie sehr wir uns auch bemühen, gar nicht sicher sein, dass der andere uns versteht oder dass wir den anderen begreifen. Das Gehörte wird stets zusammen mit unserem bisherigen Wissen, unseren Erfahrungen und unseren Erwartungen bewertet und verarbeitet. Wir als Hörer geben dem Gehörten also (s)einen Sinn.

Dagegen hilft nur Paraphrasieren, also mit eigenen Worten wiederholen und wiedergeben, was Sie verstanden haben. Und nachfragen, ob das auch so gemeint war.

Beispiel: »Lasst mich das noch einmal kurz mit meinen Worten zusammenfassen. Ich habe verstanden, dass die letzte Produktversion deshalb später als geplant ausgeliefert wurde, weil [...].« Nun einen Augenblick in die Runde schauen, ob jemand einen Einwand hat ... »Dann frage ich mich, was ...«

Auf diese Weise bauen Sie eine Feedbackschleife ein, die noch einmal für Abgleich, für Synchronisation sorgt und einen gemeinsamen Ausgangspunkt schafft, an den der nächste Gedanke anknüpfen kann. Indem Sie paraphrasieren, verringern Sie im Gespräch die Wahrscheinlichkeit von Missverständnissen.

Wie bei allem macht auch bei diesem Werkzeug die Dosis das Gift. Zu häufig hintereinander eingesetzt, kann es Ihr Gegenüber zunehmend nerven. Im privaten Kontext noch viel eher als im beruflichen, denn wer will schon ständig das Gefühl haben, gecoacht zu werden?

»Ich«-Sprache

Am Paraphrasieren ist schön, dass Sie dabei wunderbar bei sich bleiben können. Sie geben lediglich wieder, was Sie verstanden und beobachtet haben. Das nennt sich »I«-language oder »Ich«-Sprache. Zum Beispiel »Ich habe beobachtet, dass ...«, »Ich habe das Gefühl, dass du ...«, »Ich fühle mich unwohl, wenn ...« Diese Art der Sprache lädt zu Austausch und zu Lösungen ein.

Das Gegenteil davon ist »You«-language oder »Du«-Sprache. Eine Kritik in der Form »Du hast uns die ganze Iteration versaut!« wird nicht unbedingt zu konstruktiver Auseinandersetzung führen. Im Gegenteil. Der Angesprochene weiß nicht so recht, worin der Vorwurf besteht, fühlt sich angegriffen und beginnt, sich zu verteidigen. Das Einzige, was Sie mit dieser Art zu sprechen erreichen, sind Schuldzuweisungen und die Verschärfung des Problems oder der Situation. Dagegen enthält »Wir stehen vor dem Kunden jetzt ganz schön blöd da, denn uns fehlen die Funktionen, an denen du gearbeitet hast und die nicht fertig sind. Wie hätten wir dich noch unterstützen können?« weitaus weniger Schuldzuweisungen. Der Angesprochene versteht, worum es geht, und es wird ein Angebot unterbreitet – in »Ich«- bzw. »Wir«-Sprache.

An anderer Stelle wurde bereits erwähnt, dass alles, was Menschen wahrnehmen, ihre eigenen subjektiven Beobachtungen sind. Subjektiv vor allem auch deshalb, weil die Beobachtung sofort durch eigene innere Bewertungen eingefärbt wird. Es fließen *Ihr* Kontext und *Ihre* Erfahrungen ein. Deshalb *ist* also niemand so, wie Sie ihn sehen, sondern es handelt sich dabei lediglich um *Ihre* spezielle Sichtweise. Niemand *ist* faul oder blöd, sondern Sie nehmen lediglich ein Verhalten wahr, dass Sie als faul oder blöd *beobachten und bewerten*. Sich dessen bewusst zu sein und darauf zu achten, kann die Kommunikation nachhaltig verändern. Wenn Sie also beobachten, dass ein Teilnehmer etwa äußert: »Hein ist wirklich ein Saboteur!«, könnten Sie mit der Frage »Was hat denn Hein getan, dass du ihn als Saboteur beobachtest?« zur »Ich«-Sprache zurückführen und gleichzeitig deutlich machen, dass es sich lediglich um eine Beobachtung handelt.

Dieses Sprachmuster, dass jemand oder etwas *ist*, suggeriert zusätzlich, dass eine Bewertung auf einmal zu einem Ding oder einer Eigenschaft wird [Hargens 2010]. Dann steht da plötzlich etwas im Raum und ist unter Umständen nur schwer wieder zu vertreiben. Das ist für die Konfliktbearbeitung aus meiner Erfahrung wenig hilfreich. Auch deshalb lohnt es sich, andere Formulierungen zu finden.

Ja, aber ...

Ein anderes nur bedingt hilfreiches Sprachmuster ist »*Ja, aber ...*«. Beobachten Sie sich einmal selbst, wie oft Sie sich dabei ertappen. Und jedes dieser »aber« ist ein Hinweis darauf, dass Sie gerade dabei sind, eine Gegenposition einzunehmen. Sie gehen in eine Konfrontation, ohne es vielleicht zu wollen. »Das ist eine super Idee, das können wir sofort so umsetzen, aber ...« Ist es nun eine super Idee und kann man sie sofort umsetzen ... oder nicht? Mit Ihrem »aber« nehmen Sie die vorher geäußerte Zustimmung wieder zurück. Ihr Satz ist eine Mogelpackung!

Vielleicht wollten Sie ja lediglich etwas hinzufügen, den Gedanken noch ein wenig fortführen und erweitern? Dann ersetzen Sie doch das »aber« durch ein »und«. Fügen Sie etwas hinzu, indem Sie sagen: »Das ist eine super Idee, das können wir sofort so umsetzen, und ...« Damit nimmt die Anzahl der Möglichkeiten wieder zu.

Eigentlich

Ein weiterer Kandidat, für den ich Sie sensibilisieren möchte, ist »*eigentlich*«. Die Aussage »Das ist eigentlich eine gute Idee ...« sagt über die Idee noch nicht viel aus oder schwächt die positive Bewertung (»eine gute Idee«) unnötigerweise ab. Ist sie nur »eigentlich gut«, dann wollten Sie vielleicht *eigentlich* etwas anderes sagen. Im Grunde liegt ein »aber« schon auf der Lauer, um eine Gegenposition zu äußern. Achten Sie einmal darauf. Und wenn die Idee wirklich gut ist, können Sie das doch einfach sagen: »Das ist eine gute Idee ...«

Müssen

Der letzte Begriff in der Reihe ist »müssen«. Wie oft sagen wir »Ich muss dies ...«, »Wir müssen aber noch ...«, »Das muss auch noch ...«. Noch besser ist ein »Und das musst du noch bis morgen ...«. Was passiert? Das »müssen« engt ein. Es bleibt Ihnen keine Wahl. Das, was verbunden mit dem »müssen« geäußert wird, ist alternativlos, denn schließlich »müssen« Sie das bis morgen erledigt haben! Erinnern Sie sich noch an »Handele stets so, dass die Anzahl der Möglichkeiten wächst« [Foerster 1994]?

Wie könnten Sie kommunizieren, um diesem Dilemma zu entkommen? Versuchen Sie einmal, »müssen« durch »können« zu ersetzen. Also vielleicht »könnten« Sie etwas tun. »Ich könnte dies ...« lässt Ihnen wieder eine Wahl. Sie könnten es tun, Sie könnten stattdessen aber auch etwas ganz anderes machen. Das Gleiche gilt für »Könntest du das noch bis morgen ...?«. Plötzlich lassen Sie dem anderen wieder Raum für eigene Entscheidungen und geben ihm Autonomie. Dafür, meine ich, lohnt es sich, nicht so oft zu »müssen«.

Fazit

Retrospektiven sollen keine Kuschelmeetings sein. Das Ziel ist zu lernen. Dazu müssen Kritik offen geäußert und unangenehme Wahrheiten ausgesprochen werden (können). Das schließt auch Gefühle und Empfindungen ein. Die Vegas-Regel und die Goldene Regel geben dafür einen Rahmen und einen geschützten Raum. Mit entsprechend wertschätzender Sprache können Sie ihn zielführend ausfüllen.

Schärfen Sie aus all den oben genannten Gründen Ihren Sinn für Sprache und reflektieren Sie darüber, was Sie sagen und was Sie hören. Sensibilisieren Sie die Teilnehmer für eine wertschätzende Kommunikation – Ihre Retrospektiven und das gegenseitige Verständnis und Vertrauen werden davon profitieren.

Lösungsorientierung

Ein Beratungsansatz, der verschiedene der beschriebenen Haltungen, Werte und Praktiken vereint, ist die Lösungsorientierung oder Lösungsfokussierung. Wie diese Herangehensweise Retrospektiven hilfreich ergänzen kann, will ich Ihnen nachfolgend kurz vorstellen.

Beginnen wir mit einem Glaubenssatz: Man muss ein Problem nur genau genug analysieren, um einen Weg zu seiner Lösung zu finden.

Das heißt, wir steigen erst einmal ganz tief in das Problem ein und versuchen es zu verstehen und in immer kleinere Teilprobleme zu zerlegen. Bis wir die eigentliche Ursache eingekreist haben und durch ihre Beseitigung auch das Problem beseitigen können. Fertig.

Das funktioniert recht zuverlässig für sogenannte »triviale Maschinen« [Foerster 2011]. Das sind Maschinen, die gebaut sind, um berechenbar auf einen bestimmten Input mit einem immer gleichen Output zu reagieren. Beispiele dafür sind Thermostate, die Temperatur regeln, Staubsauger, die Staub saugen, Waschmaschinen, die Wäsche waschen, Mixer, die mixen, Heizungen, die heizen, DVD-Player, die DVDs wiedergeben, Verstärker, die verstärken usw. Einem Input (zum Beispiel Einschalten) folgt der erwartete Output (z. B. Mixer rotiert).

Diese »trivialen Maschinen« kann man auf die beschriebene Weise wieder »trivialisieren«, also wieder zum gewünschten Verhalten bewegen, wenn das einmal nicht der Fall sein sollte. Das nennt man dann in der Regel »reparieren«.

Nun sind Menschen aber keine derart berechenbaren trivialen Maschinen, auch wenn so mancher Zeitgenosse hin und wieder einen solchen Eindruck vermitteln mag. Und in Retrospektiven bekommen wir es mit Menschen und ihren (in der Regel nicht trivialen) Problemen zu tun. Was nun?

Albert Einstein wird der Ausspruch: »Probleme kann man niemals mit derselben Denkweise lösen, durch die sie entstanden sind« zugeschrieben. Und Denken und Denkweise sind beide eng mit Sprache verknüpft. Vielleicht brauchen wir am Ende eine andere, eine neue Sprache?

Folgen wir gemeinsam diesem Gedanken, landen wir bei Steve de Shazer, dem Vater der Lösungsorientierung. Von ihm stammt die knappe Feststellung: »Problemsprache erzeugt Probleme, Lösungssprache erzeugt Lösungen.«

Wenn dem so ist, sollten wir also aufhören, uns lang und breit über Probleme zu unterhalten, und stattdessen viel mehr über Lösungen sprechen. Funktioniert das? Ich lade Sie in Anlehnung an [Shazer 2010] zu einem kleinen Gedankenexperiment ein.

Problemsprache: Stellen Sie sich zuerst vor, Sie haben in der letzten Retrospektive eine halbe Stunde lang mit den Teilnehmern über alle Probleme der letzten Iteration gesprochen und dabei vorrangig auf die Defizite geschaut. Eins kommt zum anderen, Problem um Problem türmt sich aufeinander, sie beginnen sich gegenseitig zu verstärken, die Lage wird immer düsterer ... Wie, meinen Sie, fühlen Sie sich nach dieser halben Stunde? Und wie fühlen sich die Teilnehmer? Wie sieht das Energieniveau im Raum aus?

Lösungssprache: Nun stellen Sie sich bitte vor, Sie haben mit den Teilnehmern eine halbe Stunde lang darüber gesprochen, was in der vergangenen Iteration gut gelaufen ist. Sie haben die Erfolge miteinander gewürdigt und sich über Ideen und Lösungsansätze ausgetauscht, die in der letzten Iteration erfolgreich zum Tragen kamen. Wie fühlen Sie sich nun? Und wie fühlen sich die Teilnehmer nach dieser halben Stunde? Wo befindet sich das Energieniveau?

Offenbar kommen wir, während wir über Probleme sprechen, nicht wirklich voran, und es kostet uns eine Menge Energie. Beginnen wir also, über Lösungen zu sprechen!

Das Konzept der Lösungsorientierung stammt aus der Familientherapie und wurde von einer Forschergruppe um Steve de Shazer und seine Frau Insoo Kim Berg in den 1970er-Jahren entwickelt.

Schritt 1: Zuerst wird das Problem angemessen besprochen, denn es bringt ja schon eine Ahnung einer Lösung mit. Das bedeutet, wenn jemand etwas als Problem benennt, hat er auch schon eine Vorstellung davon, dass es lösbar ist, verschwinden oder etwas anderem Platz machen kann. [Hargens 2010]

Schritt 2: Der besondere Dreh ist nun, dass anschließend sofort mögliche Lösungen besprochen werden, in Lösungssprache. Es wird förmlich aus dem »Problemraum« in den »Lösungsraum« gesprungen. Jetzt geht es nur noch darum, eine Vision von einer perfekten Zukunft auszumalen, in der es unter anderem auch das Problem nicht mehr gibt. Und je mehr Details hinzukommen, umso klarer wird das Bild, und umso deutlicher kann man förmlich fühlen, wie diese Zukunft sein wird. Interessant ist darüber hinaus, dass diese perfekte Zukunft oder Lösung nicht unbedingt direkt mit dem Problem zusammenhängen muss.

In dieser Phase helfen den Teilnehmern Fragen wie:

- Woran werdet ihr merken, dass das Problem nicht mehr besteht?
- Woran noch?
- Was macht ihr dann anders?
- Was macht ihr stattdessen? Und was noch?
- Wer außer euch wird bemerken, dass sich etwas verändert hat?
- Wie wird dieser andere darauf reagieren? Was wird er sagen?
- Was bedeutet das für euch, wenn jemand so reagiert?
- Wenn ich XYZ frage, woran er merken würde, dass ihr euer Ziel erreicht habt, was würde der antworten?

Schritt 3: Wenn klar ist, wie die perfekte Zukunft aussehen wird, können Sie als Nächstes auf die Suche nach Situationen gehen, in denen die Teilnehmer diesen Zustand – vielleicht auch nur in Ansätzen – schon einmal erlebt haben. Grundannahme: Kein Problem besteht die ganze Zeit in gleicher Intensität. Es muss also Ausnahmen geben. Wichtig ist, dass die Teilnehmer sich daran erinnern. Haben Sie Geduld. Wenn Sie eine oder mehrere solcher Ausnahmen identifizieren können, sollten Sie diese Kompetenz ehrlich würdigen und wertschätzen. Anschließend hilft es auch hier wieder, Details zu erfragen:

- Wie genau war das zu dem Zeitpunkt?
- Wie habt ihr das geschafft?
- Wie hat es sich angefühlt?
- Was genau war anders als sonst? Und was noch?
- Wer hat es noch bemerkt?
- Was hat er dazu gesagt? Und was noch?

Schritt 4: Nachdem jedem klar geworden ist, dass sich diese 100-Prozent-Lösung schon ab und zu, wenn vielleicht auch nur kurz, gezeigt hat, erarbeiten und vereinbaren Sie nun mit den Teilnehmern kleine Schritte in Form von Maßnahmen in Richtung Ziel. Beginnen Sie zum Beispiel mit der Frage:

- Wo steht ihr heute auf einer Skala von 1 bis 10, wenn bei 10 das Ziel zu 100 Prozent erreicht ist und 1 das Gegenteil davon bedeutet?

Fahren Sie dann fort, zu fragen:

- Was ist zu tun, um einen kleinen Schritt, eine Nummer weiter in Richtung 10 zu kommen?
- Und was noch?
- Woran werdet ihr merken, dass ihr es geschafft habt?
- Und woran noch?

Schritt 5: Bringen Sie zum Abschluss Ihre Wertschätzung für das bereits Erreichte, für das Geleistete, für die entdeckten Ressourcen und Ihre Zuversicht zum Ausdruck, dass die Teilnehmer das Ziel erreichen werden.

TIPP

Probieren Sie einmal Folgendes aus:

Ziehen Sie in der Mitte eines Flipchart-Blatts von oben nach unten eine Linie. Dann beginnen Sie mit den Teilnehmern, auf der linken Seite aktuelle Probleme zu erfassen. Wenn Sie die vier bis fünf aktuell wichtigsten Probleme haben, beginnen Sie nun, rechts gemeinsam neben jedes Problem zu schreiben, wie die Welt aussieht, wenn das Problem nicht mehr besteht.

Reißen Sie dann das Blatt entlang der Mittellinie von oben nach unten durch und falten Sie die Hälfte mit den Problemen zusammen. Bieten Sie den Teilnehmern an, dass Sie die Probleme vorerst gut für sie verwahren und jederzeit gern zurückgeben, sollte jemand sie vermissen.

Arbeiten Sie im Folgenden mit den Teilnehmern daran weiter, mit welchen (kleinen) Schritten sie zu dem beschriebenen Lösungszustand gelangen können. Leiten Sie daraus konkrete Maßnahmen und Verantwortlichkeiten ab. [Gleisbauer 2012]

Der Kern der Lösungsorientierung ist, sich bereits nach kurzer Zeit vom Problem zu lösen und stattdessen sehr intensiv in Lösungssprache eine mögliche Zukunft ohne das Problem in vielen Details auszumalen. Ist diese Vision klar, können Sie sich auf den Weg dorthin begeben, schrittweise. Die in diesem Abschnitt skizzierten Schritte können Ihnen dabei vielleicht ein Anhaltspunkt sein. Denn jeder Prozess ist – so wie das Problem am Ausgangspunkt und die Lösungsvision am Ende – einzigartig.

Selbst ständig weiterlernen

Während der Retrospektive haben Sie die Teilnehmer beim Lernen und Reflektieren unterstützt. Aber wer unterstützt Sie dabei, besser zu werden, zu lernen und zu reflektieren?

Reflektieren

Ich kann Ihnen empfehlen, sich einen Kollegen zu suchen, mit dem Sie sich aussprechen und gegenseitig coachen können. Das hilft schon allein dadurch, dass Sie das Gefühl bekommen, nicht allein zu sein, und hören, dass andere vor gleichen und ähnlichen

Herausforderungen stehen. Und Sie können gemeinsam über die Arbeit reflektieren und nach Veränderungs- und Verbesserungspotenzialen suchen, wie Sie es sonst für Ihre Teilnehmer tun.

Wenn Sie (noch) nicht in dieser glücklichen Lage sind, haben Sie noch immer die Möglichkeit, in den inneren Dialog zu gehen. Sie könnten sich zum Beispiel einige der folgenden Fragen in regelmäßigen Abständen stellen und beantworten:

- Worauf bin ich ein bisschen stolz? Was ist mir in dieser Retrospektive besonders gut gelungen?
- Welche meiner Fähigkeiten als Facilitator waren für die Teilnehmer dieser Retrospektive besonders hilfreich? Und welche noch?
- Welche neuen Entdeckungen und Einsichten habe ich während der Retrospektive für die Teilnehmer geschaffen? Wie ist mir das gelungen?
- Was würden die Teilnehmer in Bezug darauf sagen, was für sie besonders hilfreich war (drei bis vier Dinge)?
- Was habe ich aus dieser Retrospektive gelernt? Und was noch?
- Welche wichtigen Entdeckungen habe ich in dieser Retrospektive für mich gemacht?
- Was hat in dieser Retrospektive deutlich besser funktioniert als in früheren?
- Was ist mir in dieser Retrospektive deutlich leichter gefallen als noch in früheren?
- Welchen meiner Fähigkeiten als Facilitator kann ich vertrauen?
- Was würde ich in einer nächsten Retrospektive anders machen?
- Welche meiner Fähigkeiten will ich in einer nächsten Retrospektive vertiefen und stärker einsetzen?
- Welches Thema möchte ich einmal kurz mit einem Kollegen besprechen?
- Worauf habe ich während der Retrospektive meine Aufmerksamkeit gerichtet? Und wie war das nützlich?

- Angenommen, es würde ein Wunder geschehen und alle Schwierigkeiten und Selbstzweifel, die mich während meiner Arbeit als Facilitator beschäftigen, wären wie weggeblasen: Wie würde sich das ganz konkret auf die nächste Retrospektive auswirken?
- Woran würde ich ganz deutlich bemerken, dass das Wunder geschehen ist? Und woran noch?

Diese Liste können Sie sicher selbst fortsetzen und erweitern. Die Fragen habe ich in angepasster Form [Meier 2009] entnommen. Vielleicht ist dieses »Logbuch Coaching« auch etwas, das Ihnen beim Reflektieren über Ihre Arbeit helfen kann. Probieren Sie es doch einfach einmal aus. Vereinbaren Sie ein kleines Experiment mit sich selbst – so, wie Sie es sicher auch immer wieder den Teilnehmern »Ihrer« Retrospektiven empfehlen.

Feedback einholen

Eine der besten Gelegenheiten, etwas über die aktuelle Retrospektive zu lernen, ist eine Miniretrospektive am Ende der Retrospektive. Bitten Sie die Teilnehmer um Feedback zu Ihrer Arbeit. Planen Sie dafür in »Close the Retrospective« ausreichend Zeit ein. Fragen Sie die Teilnehmer, was bei ihnen im Verlauf der Retrospektive gut angekommen ist, was ihnen geholfen und Einsichten ausgelöst hat. Und lassen Sie sich sagen, an welchen Stellen die Teilnehmer Veränderungs- und Verbesserungspotenziale sehen, also was Sie beim nächsten Mal anders und besser machen könnten.

Wie Sie mit einem *Blitzlicht* Feedback zur Retrospektive einholen können, wurde in Kapitel 3, Abschnitt »Phase 5: Close the Retrospective« auf Seite 54, bereits beschrieben. Zwei weitere Möglichkeiten möchte ich Ihnen an dieser Stelle kurz vorstellen.

Keep-Drop-Try (Kurzversion)

Führen Sie am Ende der Retrospektive eine kurze Retrospektive zur Retrospektive durch. Teilen Sie dazu ein Flipchart-Blatt in drei gleich große Bereiche ein und beschriften Sie diese mit »Keep«, »Drop« und »Try« (Abbildung 5-1). Bitten Sie nun die Teilnehmer,

Ihnen beim Lernen zu helfen und folgende drei Fragen zur Retrospektive in einer Timebox von 2 Minuten auf Klebezetteln zu beantworten:

- Was war in der Retrospektive hilfreich und sollte beibehalten oder sogar verstärkt werden? (Keep)
- Was war wenig oder gar nicht hilfreich und sollte in der nächsten Retrospektive besser entfallen? (Drop)
- Was könnte man in einer nächsten Retrospektive anders machen und ausprobieren? (Try)

Bitten Sie nach Ablauf der Timebox die Teilnehmer darum, nacheinander ihre Zettel auf dem Flipchart-Blatt zu positionieren und kurz zu erläutern.

Bedanken Sie sich am Ende für das wertvolle Feedback.

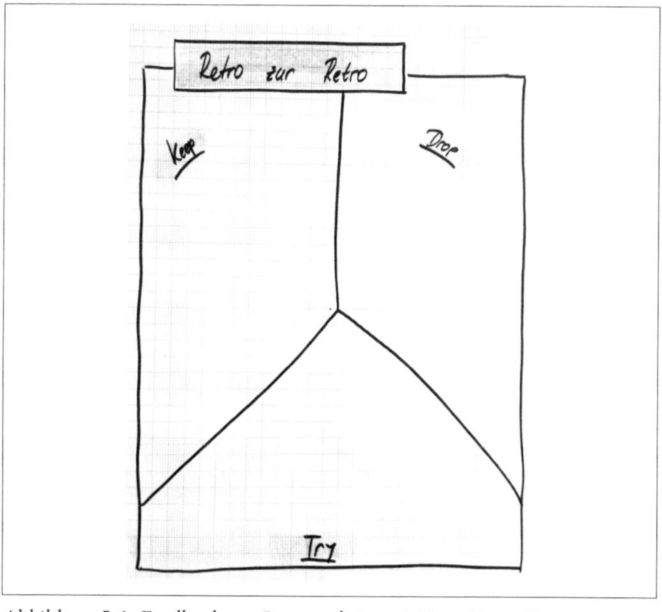

Abbildung 5-1: Feedback zur Retrospektive mit Keep-Drop-Try

Perfection Game

Lassen Sie sich von den Teilnehmern Feedback geben, indem Sie ihnen eine Skalierungsfrage stellen. Zeichnen Sie dazu zum Beispiel eine Skala von 5 bis 1 auf ein Flipchart-Blatt (Abbildung 5-2) oder hängen Sie Klebezettel mit den Zahlen 5 – 4 – 3 – 2 – 1 untereinander mit genügend Abstand zueinander an einer Wand, einem Fenster, einer Tafel oder einer anderen geeigneten Fläche auf.

Bitten Sie nun jeden Teilnehmer, mit einem Klebezettel Folgendes zu beantworten: »Wie hat dir auf einer Skala zwischen 5 und 1 diese Retrospektive gefallen/genützt/geholfen, wobei 5 »sehr« und 1 »gar nicht« bedeutet, und was hätte es gebraucht, dass du die Retrospektive eine Stufe besser bewerten könntest. Die Position des Zettels entlang der Skala entspricht der Bewertung. Auf dem Zettel steht dein Vorschlag zur Verbesserung.«

Geben Sie den Teilnehmern eine Timebox von 2 Minuten, um kurz über den Verlauf der Retrospektive zu reflektieren und ihren Zettel zu schreiben. Bitten Sie dann, die Zettel entlang der Skala zu positionieren und falls nötig kurz zu erläutern.

Bedanken Sie sich am Ende für das wertvolle Feedback.

Nehmen Sie das Feedback der Teilnehmer mit in Ihre Selbstreflexion, sprechen Sie vielleicht darüber, wenn Sie sich mit einem Kollegen gegenseitig coachen und lassen Sie es auf jeden Fall in die Planung Ihrer nächsten Retrospektive einfließen. Auf diese Weise wird es Ihnen gelingen, sich und Ihre Arbeit kontinuierlich zu verbessern.

Abbildung 5-2: Flipchart-Blatt mit »Perfection Game«

KAPITEL 6

Rezepte

Analog zu dem Rezept in Kapitel 1, *Schnellstart*, stelle ich Ihnen im Folgenden zwei weitere Rezepte vor, die Sie anhand der Anleitungen relativ einfach »nachkochen« können und auf diesem Wege eigene Erfahrungen sammeln. Mein Ziel ist es dabei, dass jedes Rezept möglichst vollständig beschrieben und in sich geschlossen ist. Dadurch werden einige Aspekte sowohl in diesem Kapitel als auch mit Blick auf das gesamte Buch mehrfach vorgestellt.

Ich habe hin und her überlegt, ob es gut ist, Rezepte für Retrospektiven zu schreiben. Schließlich geht es nicht um Tütensuppen kochen, sondern um Arbeit in komplexen sozialen Kontexten. Keine Situation gleicht wirklich der anderen. Selbst wenn Sie immer wieder mit ein und demselben Team von Softwareentwicklern Herzschlag-Retrospektiven durchführen, ist jede davon besonders.

Rezepte suggerieren hingegen, dass, wenn man sich nur an die Anleitung hält, am Ende alles gut und wie beschrieben und erwartet sein wird. Lassen Sie sich davon bitte nicht verleiten, sondern betrachten Sie die folgenden Anleitungen als Anregungen und nutzen Sie sie mit einem offenen Blick für das Besondere der Situation und jedes Augenblicks in »Ihrer« Retrospektive.

Und – zögern Sie nicht, diese Rezepte auf Ihre Bedürfnisse anzupassen.

Rezept 2: »Meine« Retrospektive

Für 7 Teilnehmer

Vorbereitungszeit: ca. 20–30 Minuten

Durchführungszeit: 90 Minuten (Timebox)

Das ist meine Standard-Herzschlag-Retrospektive, und sie stellt drei Fragen zum Prozess:

> **Frage 1**: Was war?
>
> Was ist uns – ohne Wertung – aus der letzten Iteration in Erinnerung geblieben (Timeline)?
>
> **Frage 2**: Was war gut?
>
> Was hat funktioniert, worauf sind wir stolz, was wollen wir behalten und unter Umständen verstärken?
>
> **Frage 3**: Was wollen wir verändern?
>
> Was lief noch nicht optimal? Wo sehen wir Veränderungs- und Verbesserungspotenziale? Wo klemmt's?

Sie basiert somit stark auf den beiden elementaren Grundsätzen beraterischer Arbeit: »Wenn du weißt, was funktioniert, mach mehr davon.« und »Wenn etwas nicht funktioniert, hör auf damit. Mach etwas ander(e)s.« (siehe Kapitel 2, Abschnitt »Was ist eine Retrospektive?« auf Seite 15). Besonders ist, dass die Phasen »Gather Data«, »Generate Insights« und »Decide what to do« mehrfach und für die beiden Aspekte (positive und negative bzw. verbesserungswürdige) getrennt durchlaufen werden. Damit wird jedes Mal neu fokussiert und einer möglichen Aufrechnung beider Seiten gegeneinander vorgebeugt.

Zutaten

- 1 Raum mit Stühlen, gegebenenfalls Tischen und ausreichend Platz, um gemeinsam vor einem Flipchart zu stehen und zu arbeiten

- Flipchart, Flipchart-Blätter und Flipchart-Stifte
- Ausreichend Klebezettel (z. B. 76 x 76 mm groß, am besten Super-Sticky-Post-its), ca. 25 Zettel je Teilnehmer
- 7 Stifte (für jeden Teilnehmer einen, z. B. schwarze Faserschreiber, die ein gutes Schriftbild ermöglichen, nicht verschmieren und schnell trocknen)
- Klebeband (z. B. Malerkrepp), um Flipchart-Blätter zu befestigen und, falls erforderlich, für Namensschilder
- 1 Uhr (z. B. Time Timer, Timer-App auf einem Smartphone oder Tablet, Sanduhr ...), um die Timeboxen zu bemessen
- Etwas zum Naschen (was die Teilnehmer mögen, z. B. Obst, Kekse, Gummibären, Kuchen, Schokolade)

Agenda

Aktivität	**Länge**
Begrüßung und Einführung	10 min
Was war?	10 min
Was war gut?	15 min
Was wollen wir verändern?	20 min
Maßnahmen/Verantwortlichkeiten	15 min
Abschluss	10 min
Reserve	10 min
Gesamt	**90 min**

Vorbereitung

- Den Raum vorbereiten und gegebenenfalls so umräumen, dass ausreichend Platz zum Arbeiten vor dem Flipchart ist. An einer gut zugänglichen Stelle die Klebezettel, die Stifte und das Naschwerk arrangieren.

- Die Vegas-Regel (Abbildung 1-1) und die Goldene Regel (Abbildung 1-2) (gut lesbar) auf Flipchart-Blätter schreiben und deutlich sichtbar im Raum aufhängen.
- Das Flipchart-Blatt mit den Maßnahmen der vorangegangenen Retrospektive gut sichtbar aufhängen.
- Ein Begrüßungs-Flipchart-Blatt schreiben/zeichnen (z. B. »Herzlich willkommen!« oder »Willkommen«).
- Die Agenda auf ein Flipchart-Blatt übertragen.
- Ein Flipchart-Blatt mit »Was war?« beschriften und einen (vertikalen) Zeitstrahl zeichnen. Den Anfang mit dem Startdatum und das Ende mit dem Enddatum des Zeitraums, der in der Retrospektive betrachtet werden soll, beschriften. Gegebenenfalls Zwischenmarkierungen (Start, Ende, Wochenenden, Feiertage mit Datum) einfügen.

  Alternative: Sie können auch ein Whiteboard (eine Weißwandtafel) verwenden. Sie ist unter Umständen deutlich größer als ein Flipchart-Blatt und bietet somit mehr Raum. Zeichnen Sie die Zeitachse in diesem Fall vielleicht horizontal.
- Je ein Flipchart-Blatt mit »Was war gut?« und »Was wollen wir verändern?« beschriften.

TIPP

Auf dem Flipchart-Blatt »Was wollen wir verändern?« können Sie einen separaten Bereich kennzeichnen, den Sie mit »extern« überschreiben (Abbildung 3-3). Dort können Themen platziert werden, die das Team nicht selbst beeinflussen kann.

- Ein Flipchart-Blatt mit »Maßnahmen« beschriften (Abbildung 1-4).

Zubereitung

Begrüßung und Einführung

1. Begrüßen Sie die Teilnehmer zur Retrospektive und bedanken Sie sich (im Voraus) für die Zeit und das Engagement, das sie in das Meeting einbringen. Sagen Sie noch einmal ganz kurz, worum es in einer Retrospektive geht und wie lange das Meeting dauern wird.

2. Bitten Sie nun reihum jeden Teilnehmer, den Satz »Wenn ich nicht hier in der Retrospektive wäre, dann wäre ich ...« zu vervollständigen und kurz zu begründen (siehe Kapitel 3, Abschnitt »Jede Stimme zählt« auf Seite 25). Die Begründungen bleiben durch alle anderen unkommentiert. Eine Dokumentation der Antworten findet nicht statt [Andresen 2014]. Bieten Sie Teilnehmern, die sich nicht äußern möchten, ein »Ich passe« an und achten Sie auf die Zeit.

TIPP

Wenn Sie es einschätzen können, wählen Sie als ersten Sprecher jemanden aus, der voraussichtlich wirklich nur eine kurze Begründung anfügt. Erfahrungsgemäß orientieren sich alle folgenden an dieser »Vorgabe«.

---

3. Stellen Sie dann Ihre Agenda vor und erklären Sie kurz und knapp, was Sie für die verbleibende Zeit planen.

4. Erinnern Sie, bevor Sie mit dem Datensammeln beginnen, alle Teilnehmer noch einmal kurz an die Vegas-Regel – also daran, dass alles, was besprochen wird, in diesem Raum bleibt. Weisen Sie anschließend auf die Goldene Regel hin. Erläutern Sie kurz, was das für die Retrospektive bedeutet. Ein Beispiel dafür finden Sie in Kapitel 1, Abschnitt »Rezept 1: Keep-Drop-Try« auf Seite 3.

5. Gibt es weitere eigene Regelwerke der Teilnehmer (Kapitel 5, Abschnitt »Sich selbst Regeln geben« auf Seite 106), fragen Sie nach, ob Änderungen oder Ergänzungen daran erforderlich sind. Fordern Sie dann alle Teilnehmer auf, selbst mit auf deren Einhaltung zu achten.

Was war?

6. Bitten Sie nun die Teilnehmer, alle Ereignisse, die ihnen aus dem betrachteten Zeitraum noch in Erinnerung sind (z. B. Kundenbesuche, Auslieferungen, Geburtstage, Freigaben, Fehler, Teamevents, Systemabstürze, Heldentaten, Konzertbesuche, private Highlights ...), ohne weitere Bewertung auf Klebezettel zu schreiben (ein Zettel je Ereignis) und entlang der Zeitachse an der passenden Stelle einzusortieren. Setzen Sie eine Timebox von 5 Minuten und erinnern Sie daran, lesbar zu schreiben. Sorgen Sie dafür, dass die Zettel nach und nach bereits innerhalb der Timebox aufgehängt werden, sodass die Timeline Stück für Stück entsteht und so die Erinnerung anderer Teilnehmer angeregt werden kann.

7. Nach Ablauf der Timebox versammeln Sie die Teilnehmer vor dem Flipchart mit der Timeline und geben noch einmal etwas Zeit (maximal 5 Minuten), um sich über das Ergebnis auszutauschen. Lassen Sie sich gegebenenfalls einzelne Zettel kurz erklären. Am Ende dieser Aktivität sollte jeder Teilnehmer wieder ein möglichst gutes Bild von dem für die Retrospektive relevanten Zeitraum besitzen. Hängen Sie dann das Flipchart-Blatt für alle gut sichtbar auf.

Was war gut?

8. Erläutern Sie noch einmal kurz, dass es nun darum geht, die positiven Aspekte des Betrachtungszeitraums zusammenzutragen. Fordern Sie dann die Teilnehmer auf, in einer Timebox von 3 Minuten alle derartigen Ereignisse auf Klebezettel (einer pro Ereignis) zu schreiben, die ihnen in Erinnerung geblieben sind. (Erinnern Sie, wenn es Grund dafür gibt, noch einmal daran, lesbar zu schreiben.) Bieten Sie den Teilnehmern an, ihre Zettel von der Timeline wiederzuverwenden.

9. Nach Ablauf der Timebox werden die Daten zusammengetragen. Ein Teilnehmer nach dem anderen klebt seine Zettel auf das vorbereitete Flipchart-Blatt und erläutert kurz, was mit den oft nur zwei bis fünf Worten auf dem Zettel gemeint ist. Vermeiden Sie, dass jetzt bereits diskutiert wird, und achten Sie darauf, dass jeder Raum erhält, seine Themen *kurz* vorzutragen. Bitten Sie die Teil-

nehmer, Zettel mit gleichlautenden oder verwandten Themen zusammenzuhängen/zu clustern. Das spart später Zeit.

10. Versammeln Sie alle Teilnehmer vor dem Flipchart und prüfen und verändern Sie gegebenenfalls noch einmal zusammen die Gruppierung der Zettel. Finden Sie gemeinsam Überschriften für die einzelnen Cluster. Fragen Sie nach, ob und wie sich der eine oder andere Aspekt vielleicht verstärken lässt, um noch mehr positives Potenzial zu entfalten.

11. Geben Sie den Teilnehmern einen Augenblick Zeit, die zusammengetragenen positiven Aspekte wirken zu lassen, sich darüber zu freuen und dafür zu feiern. Hängen Sie dann das Flipchart-Blatt möglichst weit vom Flipchart entfernt gut sichtbar auf.

TIPP

In dieser Form der Retrospektive werden positive und negative bzw. verbesserungswürdige Aspekte zusammengetragen und diskutiert. Das soll jedoch nicht zu einer Aufrechnung oder Aufsummierung führen. Trennen Sie deshalb die beiden Perspektiven räumlich möglichst weit voneinander, indem Sie die Flipchart-Blätter voneinander entfernt im Raum aufhängen.

Wenn Ihr Raum über zwei Flipcharts verfügt, könnten Sie diese mit großem räumlichem Abstand aufstellen und so beide Aspekte bereits getrennt voneinander erfassen.

Was wollen wir verändern?

12. Im nächsten Schritt wird zusammengetragen, was in der abgelaufenen Zeit nicht optimal gelaufen und veränderungs- oder verbesserungswürdig ist. Geben Sie den Teilnehmern nach einer kurzen Einführung wieder eine Timebox von 3 Minuten, um die aus ihrer Sicht relevanten Themen auf Klebezettel zu schreiben. Bieten Sie den Teilnehmern an, eigene Zettel von der Timeline wiederzuverwenden.

13. Nach Ablauf der Timebox werden wiederum die Daten zusammengetragen. Haben Sie einen »extern«-Bereich eingezeichnet

(Abbildung 3-3), erklären Sie den Teilnehmern kurz, was damit gemeint ist. Dann klebt ein Teilnehmer nach dem anderen seine Zettel auf das vorbereitete Flipchart-Blatt und erläutert kurz, was mit den oft nur wenigen Worten auf dem Zettel gemeint ist. Vermeiden Sie an dieser Stelle Diskussionen und geben Sie jedem Raum für kurze Erklärungen. Bitten Sie die Teilnehmer, bereits nach Themen (und gegebenenfalls intern und extern) zu gruppieren.

14. Versammeln Sie nun alle Teilnehmer erneut um das Flipchart, um gemeinsam die Gruppierung der Themen noch einmal zu prüfen und zu korrigieren. Hinterfragen Sie wenn nötig die Zuordnung einzelner Zettel. Vielleicht lassen sich einzelne Zettelgruppen zusammenfassen? Unterbreiten Sie eigene Vorschläge zur Gruppierung in Form von Fragen (Beispiel: Passt dieser Zettel vielleicht auch zu dieser Gruppe?).

TIPP

Vermeiden Sie unbedingt, eigenmächtig Zettel zu verschieben oder anders zusammenzufassen. Lassen Sie sich dazu in jedem Fall autorisieren. Es sind die Zettel und Themen der Teilnehmer, und somit liegt auch die Gruppierung in deren Hoheit.

15. Ziehen Sie nun Kreise um die gruppierten Zettel und suchen Sie gemeinsam mit den Teilnehmern nach passenden Überschriften, die den Inhalt gut zusammenfassen. Erfragen und visualisieren Sie mögliche Verbindungen zwischen den einzelnen Clustern.

16. Haben Sie einen »extern«-Bereich markiert, wenden Sie sich nun kurz diesen Themen zu. Es handelt sich dabei in der Regel um Aspekte, die außerhalb des Einflussbereichs der Teilnehmer liegen. Überlegen Sie einen Augenblick gemeinsam, wie mit diesen Themen weiter umgegangen werden kann, wer unter Umständen der richtige Adressat ist und dabei unterstützen kann, Veränderungen in Gang zu setzen (z. B. Vorgesetzte, Lenkungsausschüsse, Boards ...). Halten Sie die Gedanken schriftlich fest.

17. Wenden Sie sich dann wieder den internen Themen zu. Sollten es für die verbleibende Zeit zu viele sein, lassen Sie die Teilnehmer durch ein einfaches Voting mittels Punkten oder Strichen, die den Themen zugeteilt werden, eine Priorisierung vornehmen (siehe Kapitel 1, Abschnitt »Rezept 1: Keep-Drop-Try« auf Seite 3). Entscheiden Sie dann, welche Themen weiter diskutiert werden und wie mit den verbleibenden umgegangen werden soll.

18. Analysieren und diskutieren Sie mit den Teilnehmern ein Thema nach dem anderen. Hinterfragen und paraphrasieren Sie. Notieren Sie Kernaussagen zum Beispiel in Form einer Mindmap entlang der Umrandung des Clusters oder auf einem separaten Flipchart-Blatt. Schweift die Diskussion zu weit ab, holen Sie die Gruppe wieder zurück. Beziehen Sie gezielt auch zurückhaltende Teilnehmer in die Diskussion ein. **Behalten Sie die Uhr im Blick!**

Maßnahmen/Verantwortlichkeiten

19. Bewerten Sie nun kurz gemeinsam die Maßnahmen der vorangegangenen Retrospektive. Konnte das gewünschte Ergebnis oder Ziel erreicht werden? Welche Maßnahmen sind erledigt? Welche sollten gegebenenfalls angepasst und fortgeführt werden? Übernehmen Sie Letztere auf Ihr mit »Maßnahmen« überschriebenes Flipchart-Blatt. Prüfen und übernehmen Sie dabei auch die Verantwortlichen.

20. Formieren Sie Gruppen von drei bis fünf Teilnehmern. Jede Gruppe erarbeitet nun in einer Timebox von 5 Minuten mögliche Maßnahmen zu je einem der hochpriorisierten Themen aus der vorangegangenen Diskussion. Im Anschluss werden die Ergebnisse kurz vorgestellt.

21. Mit einem Voting (siehe Kapitel 1, Abschnitt »Rezept 1: Keep-Drop-Try« auf Seite 3) werden die erarbeiteten Maßnahmen priorisiert, und in Abstimmung mit den Teilnehmern werden in dieser Reihenfolge so viele auf das Flipchart-Blatt »Maßnahmen« übernommen, wie die Teilnehmer als realistisch umsetzbar einschätzen. Vergessen Sie nicht, für jede Maßnahme auch Verantwortlichkeiten und Termine zu vereinbaren und zu notieren.

Abschluss

22. Fassen Sie noch einmal kurz die Ergebnisse der Retrospektive zusammen und klären Sie mit den Teilnehmern, ob gemäß der Vegas-Regel eine (teilweise oder vollständige) Öffnung vereinbart werden soll. Klären Sie darüber hinaus, ob, wo und auf welche Weise die Ergebnisse der Retrospektive dokumentiert werden. Bedanken Sie sich für das fokussierte und konstruktive Arbeiten und für die investierte Zeit.

23. Nun ist es Zeit, selbst zu lernen. Holen Sie sich von den Teilnehmern Feedback über die Retrospektive mit dem Perfection Game (siehe Kapitel 5, Abschnitt »Selbst ständig weiterlernen« auf Seite 130). Nehmen Sie die Rückmeldungen unkommentiert auf und bedanken Sie sich bei den Teilnehmern für das wertvolle Feedback. Schließen Sie dann die Retrospektive – indem Sie vielleicht noch einmal zum Ausdruck bringen, dass Ihnen die Zusammenarbeit Freude bereitet hat – und verabschieden Sie sich.

24. Verschönern Sie das Flipchart-Blatt »Maßnahmen« unter Umständen noch etwas und hängen Sie es dann so auf, dass alle Teilnehmer möglichst ständig vor Augen haben, was Sie bis zur nächsten Retrospektive verändern oder erproben wollen.

Spickzettel

Begrüßung und Einführung

- Teilnehmer begrüßen
- Ziel der Retro und Dauer
- Aktivität: »Wenn ich nicht in der Retrospektive wäre, dann wäre ich ...«
- Vegas-Regel und Goldene Regel
- Wenn vorhanden, eigene Regeln prüfen

Was war?

- Erstellen der Timeline kurz erklären
- Timebox 5 Minuten – Zettel (lesbar) schreiben und gleich ankleben
- Kurzer Austausch, gegebenenfalls einzelne Zettel hinterfragen

Was war gut?

- Erläuterung – positive Aspekte zusammentragen
- Timebox 3 Minuten – Zettel (lesbar) schreiben (gegebenenfalls Timeline plündern!)
- Zettel ankleben und erläutern (gruppieren/clustern!)
- Gruppierung gemeinsam prüfen, Cluster einkreisen, hinterfragen, Überschriften suchen
- Positive Aspekte wirken lassen!
- Flipchart-Blatt möglichst weit entfernt vom Flipchart aufhängen

Was wollen wir verändern?

- Erläuterung – veränderungswürdige Aspekte zusammentragen
- Timebox 3 Minuten – Zettel (lesbar) schreiben (gegebenenfalls Timeline plündern!)
- Zettel ankleben und erläutern (gruppieren/clustern!)
- Gruppierung gemeinsam prüfen, Cluster einkreisen, Überschriften suchen
- Falls vorhanden, externe Themen kurz klären
- Interne Themen gegebenenfalls priorisieren, analysieren, diskutieren, hinterfragen (mitschreiben/dokumentieren), auch zurückhaltende Teilnehmer einbeziehen (**Uhr im Blick behalten!**)

Maßnahmen/Verantwortlichkeiten

- Kontrolle der Maßnahmen der letzten Retrospektive, gegebenenfalls übernehmen
- Timebox 5 Minuten: Gruppenarbeit – Maßnahmen erarbeiten, Ergebnisse anschließend vorstellen
- Maßnahmen priorisieren, wichtigste auf Flipchart übernehmen
- Verantwortlichkeiten festlegen

Abschluss

- Ergebnisse kurz zusammenfassen
- Vegas-Regel: Öffnung?
- Dank für Zusammenarbeit und investierte Zeit
- Feedback zur Retrospektive: Perfection Game
- Dank für Feedback und kurze Erwiderung
- Verabschieden und Ende
- Flipchart-Blatt »Maßnahmen« omnipräsent aufhängen!

Rezept 3: Zeitreise

Für 7 Teilnehmer

Vorbereitungszeit: ca. 30 Minuten

Durchführungszeit: 150 Minuten (Timebox) inkl. Pause

Das ist eine Zeitreise im wörtlichen Sinne. Sie eignet sich vor allem für Retrospektiven über größere Zeiträume (z. B. eine Pilotphase, mehrere Iterationen, ein Produkt-Release). Entlang eines großen Zeitstrahls werden alle Aspekte des betrachteten Zeitraums auf dem Boden mittels Moderationskarten zusammengetragen. Dabei werden die unterschiedlichen Perspektiven über folgende Kartenfarben gekennzeichnet:

- Weiße Karten: »Was war?«
- Grüne Karten: »Was war gut?«
- Gelbe Karten: »Was wollen wir verändern?«
- Blaue Karten: mögliche Maßnahmen

Anmerkung: Auf den Einsatz roter Karten verzichte ich bewusst, da diese Farbe mit ihrer Signalwirkung meiner Ansicht nach zu viel Aufmerksamkeit auf sich zieht und damit möglicherweise von den anderen, ebenso wichtigen Aspekten ablenkt.

Zutaten

- 1 Raum mit Stühlen und viel Platz auf dem Boden, um einen langen Zeitstrahl aufzubauen und gemeinsam daran entlangzulaufen

  Alternative: 1 (riesen)großer Konferenztisch ausreichender Länge, an dem man links und rechts ungehindert entlanglaufen kann
- Flipchart, Flipchart-Blätter und Flipchart-Stifte
- Moderationswand mit Pins, wenn möglich mit (Moderations-)Papier bezogen
- Ausreichend Moderationskarten in den Farben Weiß, Gelb, Grün und Blau (ca. 50 je Farbe)
- 7 Stifte (für jeden Teilnehmer einen, z. B. schwarze Moderationsmarker, die ein gutes Schriftbild ermöglichen, nicht verschmieren und schnell trocknen)
- Klebeband (z. B. Malerkrepp), um Flipchart-Blätter zu befestigen und, falls erforderlich, für Namensschilder
- 1 Uhr (z. B. Time Timer, Timer-App auf einem Smartphone oder Tablet, eine Sanduhr ...), um die Timeboxen zu bemessen
- Etwas zum Naschen (was die Teilnehmer mögen, z. B. Obst, Kekse, Gummibären, Kuchen, Schokolade)

Agenda

Aktivität	**Länge**
Begrüßung und Einführung	10 min
Zeitstrahl aufbauen	15 min
Zeitreise	50 min
Pause	15 min
Diskussion	15 min
Maßnahmen/Verantwortlichkeiten	15 min
Abschluss	10 min
Reserve	20 min
Gesamt	**150 min**

Vorbereitung

- Den Raum vorbereiten, gegebenenfalls so umräumen, dass ausreichend Platz auf dem Boden entsteht, um den Zeitstrahl aufzubauen und anschließend bei der Zeitreise gemeinsam abzuschreiten.
- An einer gut zugänglichen Stelle die Moderationskarten, die Stifte und das Naschwerk arrangieren.
- Die Vegas-Regel (Abbildung 1-1) und die Goldene Regel (Abbildung 1-2) (gut lesbar) auf Flipchart-Blätter schreiben und deutlich sichtbar im Raum aufhängen.
- Das Flipchart-Blatt mit den Maßnahmen der vorangegangenen Retrospektive gut sichtbar aufhängen.
- Ein Begrüßungs-Flipchart-Blatt schreiben/zeichnen (z. B. »Herzlich willkommen!« oder »Willkommen«).
- Die Agenda auf ein Flipchart-Blatt übertragen.
- Ein Flipchart-Blatt mit »Maßnahmen« beschriften (Abbildung 1-4).
- Eine Legende für die Farbzuordnung auf entsprechende Moderationskarten schreiben und an die Moderationswand pinnen (Abbildung 6-1).
- Den Zeitstrahl auf dem Boden kennzeichnen: für den Anfang eine weiße Karte mit »Start« beschriften, an das Ende vielleicht eine Karte »Heute« legen, dazwischen entlang der gedachten Verbindungslinie zur Unterteilung weitere weiße Karten einfügen, die entweder mit Datumsangaben (01.03.2014 ...) oder markanten Ereignissen (Ostern, Jahreswechsel, Release 1.0, neues Firmengebäude ...) beschriftet sind.

Abbildung 6-1: Legende für die Farbcodierung

Zubereitung

Begrüßung und Einführung

1. Begrüßen Sie die Teilnehmer zur Retrospektive und bedanken Sie sich (im Voraus) für die Zeit und das Engagement, das sie in das Meeting einbringen. Sagen Sie noch einmal ganz kurz, worum es in einer Retrospektive geht und wie lange das Meeting dauern wird.

2. Bitten Sie nun reihum jeden Teilnehmer, den Satz »Wenn der betrachtete Zeitraum ein Auto wäre, dann wäre es ein ...« zu vervollständigen und kurz zu begründen (geben Sie vielleicht ein paar Beispiele: Golf, Porsche, Trabant, Tretauto ...). Die Begründungen bleiben durch alle anderen unkommentiert. Eine Dokumentation der Antworten findet nicht statt. Bieten Sie Teilnehmern, die sich nicht äußern möchten, ein »Ich passe« an und achten Sie auf die Zeit.

3. Stellen Sie dann Ihre Agenda vor und erklären Sie kurz und knapp, was Sie für die verbleibende Zeit planen.

4. Erinnern Sie, bevor Sie mit dem Datensammeln beginnen, alle Teilnehmer noch einmal kurz an die Vegas-Regel – also daran, dass alles, was besprochen wird, in diesem Raum bleibt. Weisen Sie anschließend auf die Goldene Regel hin. Erläutern Sie kurz, was das für die Retrospektive bedeutet. Ein Beispiel dafür finden Sie in Kapitel 1, Abschnitt »Rezept 1: Keep-Drop-Try« auf Seite 3.

5. Gibt es weitere eigene Regelwerke der Teilnehmer (Kapitel 5, Abschnitt »Sich selbst Regeln geben« auf Seite 106), fragen Sie nach, ob Änderungen oder Ergänzungen daran erforderlich sind. Fordern Sie dann alle Teilnehmer auf, selbst mit auf deren Einhaltung zu achten.

Zeitstrahl aufbauen

6. Erläutern Sie den Teilnehmern verständlich, wie der Zeitstrahl auf dem Boden aufgebaut werden soll. Erklären Sie das Ziel und auch noch einmal das Farbschema für die Karten. Weisen Sie dazu auf die aufgehängte Legende hin.

7. Bitten Sie nun die Teilnehmer, alle Ereignisse, die ihnen aus dem betrachteten Zeitraum in Erinnerung sind (z. B. Kundenbesuche, Auslieferungen, Geburtstage, Freigaben, Fehler, Teamevents, Systemabstürze, Heldentaten, Konzertbesuche, private Highlights ...), und zugehörige mögliche Maßnahmen auf Moderationskarten der entsprechenden Farben zu schreiben (eine Karte je Ereignis) und entlang des Zeitstrahls an der passenden Stelle einzusortieren. Setzen Sie eine Timebox von 10 Minuten und erinnern Sie daran, lesbar zu schreiben. Sorgen Sie dafür, dass die Karten kontinuierlich bereits innerhalb der Timebox ausgelegt werden, der Zeitstrahl sich Stück für Stück füllt und so die Erinnerung anderer Teilnehmer angeregt werden kann.

8. Nach Ablauf der Timebox bitten Sie alle Teilnehmer, die Zuordnung der Karten entlang des Zeitstrahls noch einmal zu überprüfen, falls nötig zu korrigieren und sich dann am Startpunkt zu versammeln.

TIPP

Gibt es Karten für Ereignisse, die keinem genauen Zeitpunkt zugeordnet werden können, weil das Thema zum Beispiel permanent relevant war, können sie längs zum Zeitstrahl orientiert abgelegt werden. Damit wird dann angezeigt, dass sie den Gesamtzeitraum betreffen.

Zeitreise

9. Laden Sie die Teilnehmer ein, sich nun gemeinsam mit Ihnen auf eine Zeitreise zu begeben. Karte für Karte und Schritt für Schritt entlang des Zeitstrahls sollen sich alle die Ereignisse wieder in Erinnerung rufen, diskutieren, analysieren und vertiefen. Dazu stellt jeder die von ihm geschriebenen Zettel vor.

10. Beginnen Sie, indem Sie auf die erste Karte am Startpunkt zeigen, diese laut vorlesen und anschließend in die Runde schauen. Normalerweise wird nun der »Eigentümer« noch ein paar erläuternde Worte hinzufügen. Fragen Sie ansonsten nach, wessen Karte das ist. Lesen Sie dann die nächste Karte vor und die nächste und die nächste, während Sie mit den Teilnehmern langsam links und rechts der ausgelegten Karten in Richtung Ziel wandern. Mit der Zeit werden die Teilnehmer von selbst auf ihre Karten eingehen.

11. Unterstützen Sie die Teilnehmer, indem Sie gezielt nachfragen, wenn Ihnen etwas unverständlich erscheint oder wenn Sie es für erforderlich halten, eine Diskussion anzuregen. Bleiben Sie erwartungsarm und pflegen Sie ein gesundes Maß an Naivität. Geben Sie sich nicht zu schnell zufrieden.

12. An der einen oder anderen Stelle während der Reise wird es zu angeregten Diskussionen kommen. Geben Sie Ihren Reisegefährten Raum, sich auszutauschen. Fragen Sie nach und bitten Sie auch zurückhaltende Teilnehmer um ihre Meinung. Sorgen Sie dafür, dass jeder gehört wird. Hören Sie gut zu, worüber gesprochen wird,

und fassen Sie hin und wieder zusammen, was Sie verstanden haben. Machen Sie auf einem Flipchart-Blatt Notizen zu den Kernpunkten der Diskussion. Holen Sie die Gruppe zurück, wenn sie sich im Kreis dreht oder zu weit vom Thema entfernt. **Behalten Sie Ihr Reiseziel und die Uhr im Blick.**

13. Bei »Heute«, dem Ziel der Reise, angekommen, bitten Sie die Teilnehmer, als letzten Schritt der Zeitreise alle Moderationskarten zu Themen, die aus ihrer Sicht im nächsten Schritt weiter betrachtet werden sollen, zusammenzutragen und an der Moderationswand gruppiert zu befestigen.

Pause

TIPP

Pausen haben hin und wieder das Talent, auf wundersame Weise über sich hinaus zu wachsen. Vereinbaren Sie deshalb mit den Teilnehmern – ehe alle auseinanderlaufen – eine Timebox (»Wir machen in genau 15 Minuten hier weiter«, während Sie Ihren Timer einstellen) oder eine genaue Uhrzeit (»Es ist jetzt 14:20 Uhr, genau 14:35 Uhr geht die Retrospektive weiter«).

Diskussion

14. Versammeln Sie nach der Pause alle Teilnehmer um die Moderationswand und das Flipchart mit den Notizen, die Sie während der Zeitreise angefertigt haben. Bitten Sie darum, noch einmal die Gruppierung der Zettel zu prüfen, und fragen Sie vielleicht an der einen oder anderen Stelle nach.

15. Finden Sie nun gemeinsam Überschriften für die Themengruppen und schreiben Sie diese neben die zusammengehörenden Karten. Überlegen Sie mit den Teilnehmern, ob es Verbindungen und Gemeinsamkeiten zwischen den einzelnen Themen gibt, und machen Sie diese durch Striche oder anderweitig sichtbar.

16. Wenn es mehr als zwei Themen gibt, lassen Sie die Teilnehmer eine Priorisierung vornehmen (zum Beispiel durch ein einfaches Voting, bei dem jeder eine festgelegte Anzahl von Punkten oder

Strichen an die Themen verteilen kann). Mit den zwei am höchsten priorisierten wird in der nächsten Phase weitergearbeitet. Klären Sie auf jeden Fall noch, wie mit den anderen Themen weiter umgegangen werden soll.

Maßnahmen/Verantwortlichkeiten

17. Bewerten Sie nun als Erstes kurz gemeinsam die Maßnahmen der vorangegangenen Retrospektive. Konnte das gewünschte Ergebnis oder Ziel erreicht werden? Welche Maßnahmen sind erledigt? Welche sollten gegebenenfalls angepasst und fortgeführt werden? Übernehmen Sie Letztere auf Ihr mit »Maßnahmen« überschriebenes Flipchart-Blatt. Prüfen und übernehmen Sie dabei auch die Verantwortlichen.

18. Nun können die Teilnehmer, falls bisher noch nicht geschehen, die bereits beim Erarbeiten des Zeitstrahls notierten möglichen Maßnahmen den beiden hochpriorisierten Themen zuordnen und wenn erforderlich anpassen.

19. Lassen Sie gegebenenfalls weitere mögliche Maßnahmen erarbeiten. Bitten Sie dazu die Teilnehmer, zwei Gruppen zu bilden und in einer Timebox von 5 Minuten an je einem der hochpriorisierten Themen aus der vorangegangenen Diskussion zu arbeiten. Im Anschluss werden die Ergebnisse kurz vorgestellt und mit einem neuerlichen Voting, das auch die möglichen Maßnahmen aus dem Zeitstrahl einbezieht, priorisiert.

20. In Abstimmung mit allen werden in der Reihenfolge der Priorisierung so viele weitere Maßnahmen auf das Flipchart-Blatt »Maßnahmen« übernommen, wie die Teilnehmer als realistisch umsetzbar einschätzen. Vergessen Sie nicht, für jede Maßnahme auch Verantwortlichkeiten und Termine zu vereinbaren und zu notieren.

21. Klären Sie kurz, wie mit den weiteren möglichen Maßnahmen umgegangen werden soll. Sollen sie dokumentiert werden, und wenn ja, wie und wo?

TIPP

Um schnell darüber abzustimmen, ob die Teilnehmer zum Beispiel noch eine weitere Maßnahme als realistisch umsetzbar betrachten, kann man sich eines einfachen »Thumbvotings« bedienen. Daumen hoch – ich bin dafür. Daumen waagerecht – ich kann die Entscheidung mittragen. Daumen nach unten – ich bin dagegen.

Dabei wird ein Consent herbeigeführt, was bedeutet, dass der Vorschlag als angenommen gilt, solange niemand dagegen ist, also in diesem Fall kein Daumen nach unten zeigt.

Abschluss

22. Fassen Sie noch einmal kurz die Ergebnisse der Retrospektive zusammen und klären Sie mit den Teilnehmern, ob gemäß der Vegas-Regel eine (teilweise oder vollständige) Öffnung vereinbart werden soll. Klären Sie darüber hinaus, ob, wo und auf welche Weise die Ergebnisse der Retrospektive dokumentiert werden. Bedanken Sie sich für das fokussierte und konstruktive Arbeiten und für die investierte Zeit.

23. Nun ist es Zeit, selbst zu lernen. Holen Sie sich von den Teilnehmern Feedback über die Retrospektive mit einem kurzen Keep-Drop-Try (siehe Kapitel 5, Abschnitt »Selbst ständig weiterlernen« auf Seite 130). Nehmen Sie die Rückmeldungen unkommentiert auf und bedanken Sie sich bei den Teilnehmern für das wertvolle Feedback. Schließen Sie dann die Retrospektive – indem Sie vielleicht noch einmal zum Ausdruck bringen, dass Ihnen die Zusammenarbeit Freude bereitet hat – und verabschieden Sie sich.

24. Verschönern Sie das Flipchart-Blatt »Maßnahmen« unter Umständen noch etwas und hängen Sie es dann so auf, dass alle Teilnehmer möglichst beständig vor Augen haben, was Sie bis zur nächsten Retrospektive verändern oder erproben wollen.

Spickzettel

Begrüßung und Einführung

- Teilnehmer begrüßen
- Ziel der Retro und Dauer
- Aktivität: »Wenn der betrachtete Zeitraum ein Auto wäre, dann wäre es ein …«
- Vegas-Regel und Goldene Regel
- Wenn vorhanden, eigene Regeln prüfen

Zeitstrahl aufbauen

- Erläuterung – Aufbau des Zeitstrahls und Farbcode der Karten (auf Legende verweisen)
- Timebox 10 Minuten – farbige Karten (lesbar) beschreiben und kontinuierlich entlang des Zeitstrahls positionieren
- Zuordnung nochmals prüfen und am Startpunkt versammeln

Zeitreise

- Erläuterung – Zeitreise
- Auf erste Karte zeigen und erläutern lassen
- Schrittweise alle Karten durchgehen, hinterfragen, dabei gemeinsam Richtung Ziel bewegen
- Bei Diskussionen Raum geben, nachfragen, zusammenfassen, auf Flipchart Notizen machen, Gruppe gegebenenfalls zurückholen
- Reiseziel und Uhr im Blick behalten
- Wichtige Moderationskarten zusammentragen und an der Moderationswand gruppieren lassen

Pause

Diskussion

- Gruppierung gemeinsam prüfen
- Überschriften, Verbindungen, Gemeinsamkeiten finden

- Zwei Themen auswählen (Voting)
- Umgang mit anderen Themen klären (Dokumentieren?)

Maßnahmen/Verantwortlichkeiten

- Kontrolle der Maßnahmen der letzten Retrospektive, gegebenenfalls übernehmen
- Maßnahmen vom Zeitstrahl den Themen zuordnen
- Gegebenenfalls weitere Maßnahmen erarbeiten (Gruppenarbeit, 5 Minuten)
- Alle neuen Maßnahmen priorisieren (Voting)
- Maßnahmen übernehmen, Verantwortung festlegen
- Umgang mit verbleibenden Maßnahmen klären (Dokumentieren?)

Abschluss

- Ergebnisse kurz zusammenfassen
- Vegas-Regel: Öffnung?
- Dank für Zusammenarbeit und investierte Zeit
- Feedback zur Retrospektive: Keep-Drop-Try
- Dank für Feedback und kurze Erwiderung
- Verabschieden und Ende
- Flipchart-Blatt »Maßnahmen« omnipräsent aufhängen!

Inspirationsquellen

Vielleicht haben Sie mit den Rezepten in diesem Buch Ihre ersten Erfahrungen beim Facilitieren von Retrospektiven gesammelt und suchen nun nach weiteren Aktivitäten oder Anleitungen. Hier eine kleine Auswahl an Quellen.

Agile Retrospektive Resource Wiki

Eine reichhaltige englischsprachige Quelle für ähnliche Retrospektiven-Rezepte, für Tools, Tipps & Tricks und vieles mehr ist das

Agile Retrospektive Resource Wiki [Retro-Wiki]. Ich habe 18 fertige Pläne für Retrospektiven gezählt. Daneben finden sich Beschreibungen typischer Retrospektiven-Probleme und dazu passende Lösungsvorschläge sowie eine Reihe von Links auf externe Ressourcen. In diesem Wiki können Sie einerseits lesen und sich informieren, wenn Sie Anregungen und neue Ideen suchen. Sie können aber genauso gut selbst etwas von dem beitragen, was in Ihrer Praxis verlässlich funktioniert und sich bewährt hat.

Das Wiki wächst kontinuierlich weiter. Schauen Sie doch einfach mal rein.

Retr-O-Mat

Eine andere hervorragende (englischsprachige) Inspirationsquelle für Ihre Retrospektiven kann der Retr-O-Mat [Retromat] werden. Diese Website stammt von Corinna Baldauf (*http://finding-marbles.com/*) und generiert auf der Basis von 88 Aktivitäten Zufallspläne für die fünf Phasen einer Retrospektive. Sie können blättern und blättern und blättern ... und werden sicher eine passende Aktivität für die eine oder andere Phase kommender Retrospektiven finden.

Eine empfehlenswerte Quelle, um sich inspirieren zu lassen.

Agile Retrospectives

Der Klassiker unter den Büchern für agile Retrospektiven ist das Buch »Agile Retrospectives – Making Good Teams Great« von Esther Derby und Diana Larsen [Derby 2006]. Zunächst enthalten die Kapitel 1 bis 3 eine Unmenge an praktischen Tipps und Erfahrungen für den Facilitator von Retrospektiven. Darüber hinaus werden in den Kapiteln 4 bis 8 insgesamt 30 Aktivitäten sehr ausführlich beschrieben und illustriert, die Sie in Ihren Retrospektiven einsetzen können.

Retrospektiven in agilen Projekten

Eine reichhaltige Auswahl in deutscher Sprache bietet das Buch »Retrospektiven in agilen Projekten« von Judith Andresen [Andresen 2014]. Insgesamt werden von ihr 74 Aktivitäten und Methodenbausteine sauber strukturiert beschrieben und bebildert. Außerdem bietet das Buch umfangreiches Hintergrundwissen und viele Anregungen und Einsichten rund um Retrospektiven in agilen Umfeldern und Projekten. Eine ergiebige Quelle, um sich inspirieren zu lassen.

KAPITEL 7

Ausblick

»Ein Ausblick in einem Buch über Retrospektiven, das ist komisch«, sagte mir eine Freundin, als ich ihr von diesem Kapitel erzählte. Da hat sie durchaus recht. Wenn man Retrospektiven als Rückblicke versteht, muss ein Ausblick in diesem Kontext geradezu paradox wirken. Aber ... warum denn nicht am Ende noch paradox?

Ich spekuliere einmal: Wenn Sie an diesem Punkt des Buchs angekommen sind, haben Sie sich mit seinem Inhalt beschäftigt und auseinandergesetzt. Vielleicht haben Sie das eine oder andere Rezept »nachgekocht« und dabei eigene Erfahrungen mit dem Facilitieren von Retrospektiven gesammelt. Vielleicht haben Sie Ihre eigene Standard-Retrospektive entwickelt, einen eigenen Stil gefunden und den einen oder anderen Ansatz oder Methodenbaustein lieb gewonnen und in Ihr Repertoire aufgenommen. Und vielleicht reflektieren Sie heute häufiger als früher, stellen mehr offene oder neugierige Fragen und geben sich immer seltener mit der ersten Antwort zufrieden. Und nun? Wie weiter?

Retrospektiven mit Metapher

Sie könnten beginnen, Retrospektiven unter ein Motto zu stellen und in ein durchgehendes Thema oder eine Rahmenhandlung einzubetten. Gehen Sie mit den Teilnehmern auf eine Urlaubsreise, werden Sie zu Piraten, Köchen, Musikern oder Fußballern. Das macht den Teilnehmern häufig viel Spaß und kann völlig neue Impulse geben. Die Besonderheit besteht darin, dass die gesamte Retrospektive im Vokabular der gewählten Metapher abgehalten wird. Das hat mindestens zwei Effekte. Auf der einen Seite ist es unter Umständen leichter, kritische Themen zu äußern, übertragen in ein anderes Vokabular (z. B. »Es gab eine Weichenstörung.«, »Im letzten Spiel wurde einige Male grob gefoult.«, »Wir hatten zwar das Rezept, aber die passenden Zutaten wurden nicht geliefert.« usw.). Andererseits kann diese Einengung aber auch dazu führen, dass wichtige Erkenntnisse ausbleiben, weil sie sich nicht ohne Weiteres transformieren und in das verordnete Vokabular pressen lassen. Alles in allem sind solche Retrospektiven jedoch eine Bereicherung für das Repertoire. Wenn Sie sich in diese Richtung weiter informieren wollen und nach Anleitung und »Rezepten« suchen, kann ich Ihnen das Kapitel »Von der Metapher zur Retrospektive« aus [Löffler 2014] sehr empfehlen. Dort werden nach einer kurzen Einführung fünf verschiedene Metaphern ausführlich und mit vielen Praxistipps beschrieben.

Lösungsorientierte Retrospektiven

Vielleicht sind Sie es aber inzwischen auch leid, dass die Teilnehmer der Retrospektive zwar nach einer »besseren« Zukunft suchen, dabei aber viel zu viel Zeit mit der »schlechten« Vergangenheit verbringen. Vielleicht wollen Sie viel häufiger und viel mehr in »Ihren« Retrospektiven an dieser Zukunft arbeiten? Dann sollten Sie sich einmal »lösungsorientierten Retrospektiven« zuwenden. Erste Grundlagen, wie man mit Lösungsorientierung im Kontext von Retrospektiven umgehen kann, sind im Kapitel 5, Abschnitt »Lösungsorientierung« auf Seite 126 beschrieben. Ein komplettes Kapitel zu diesem Thema haben Veronika Kotrba und Ralph Miarka für [Löffler 2014] geschrieben. Ausgehend von den Grundlagen des lösungsorientierten Ansatzes, stellen sie den Plan für eine komplette lösungsorientierte Retrospektive in fünf Phasen vor. Mit vielen Praxistipps und Beispielen werden dabei die Haltungen, Praktiken und Werkzeuge der lösungsorientierten Arbeit in den Retrospektiven-Kontext übertragen. Aus meiner Sicht eine großartige Darstellung.

Und darüber hinaus ...

Ich empfehle Ihnen, alle verfügbaren Quellen anzuzapfen, die Ihnen dabei helfen können, sich in Ihrer Rolle weiterzuentwickeln. Lesen Sie. Besuchen Sie Konferenzen (z. B. die XP Days) und Un-Konferenzen (z. B. das Agile Coach Camp Germany). Tummeln Sie sich in regionalen Communitys (in Hamburg gibt es z. B. den Scrumtisch, die Limited WiP Society, die PMI Agile Community of Practice ...) und sprechen Sie dort mit Gleichgesinnten. Nutzen Sie die Gelegenheit, bei anderen Facilitatoren zu hospitieren oder als Ko-Facilitator zu arbeiten. Vernetzen Sie sich in Ihrem Unternehmen. Tauschen Sie sich mit den Kollegen aus der Nachbarabteilung aus. Gründen Sie mit ihnen eine interne Community of Practice für Retrospektiven-Facilitatoren. Aber vor allem: Facilitieren Sie Retrospektiven!

Und bitte vergessen Sie nicht: Ihre Hauptaufgabe besteht darin, die Teilnehmer beim Lernen zu unterstützen. Dort sollte Ihr Fokus liegen. Kreative Metaphern, verblüffende Aktivitäten und ausgefallene Methodenbausteine können dabei unterstützen, sollten jedoch nie zum Selbstzweck werden.

In diesem Sinne wünsche ich Ihnen auf Ihrem weiteren Weg viel Ausdauer, Erfolg und Freude bei der Arbeit in Retrospektiven.

Literatur

Niemand schreibt ein Buch völlig allein. Fast immer gibt es Menschen, die sich mit den Themen bereits beschäftigt haben und deren Gedanken und Ideen man aufgreift und weiterentwickelt. So sind auch in dieses Buch viele Quellen eingeflossen, die ich an dieser Stelle nach Themenkomplexen angeordnet habe, was es Ihnen erleichtern soll, in dieser Liste das eine oder andere weiterführende Buch zu entdecken. Innerhalb der Abschnitte sind die Quellen alphabetisch geordnet.

Für und über Retrospektiven

[Andresen 2014] Judith Andresen: Retrospektiven in agilen Projekten: Ablauf, Regeln und Methodenbausteine; Carl Hanser Verlag München, 2014

[Derby 2006] Ester Derby, Diana Larsen: Agile Retrospectives: Making Good Teams Great; 1. Auflage. Pragmatic Programmers, 2006

[Dräther 2011] Rolf Dräther: Der Waldarbeiter und seine Säge; *http://happycentric.de/wordpress/?p=204*

[Fearless Journey] *http://FearlessJournes.info*; deutsche Übersetzung von Kai Simmons

[Kerth 2001] Norman L. Kerth: Project Retrospectives – A Handbook for Team Reviews; Dorset House Publishing, 2001

[Kniberg 2009] Henrik Kniberg: Cause-effect diagrams: A pragmatic way of doing root-cause analysis; Version 1.1, 28.09.2009;

http://www.crisp.se/file-uploads/cause-effect-diagrams.pdf; abgerufen am 08.08.2014

[Löffler 2014a] Marc Löffler: Retrospektiven in der Praxis, Veränderungsprozesse in IT-Unternehmen effektiv begleiten; dpunkt.verlag, 2014

[Löffler 2014b] Marc Löffler: 10 Dinge um deine Retrospektiven zu sabotieren; *http://marcloeffler.eu/2014/01/09/10-dinge-um-deine-retrospektiven-zu-sabotieren/*; abgerufen am 30.04.2014

[Retromat] Retr-O-Mat; *http://www.plans-for-retrospectives.com/*; abgerufen am 02.08.2014

[Retro-Wiki] Agile Retrospektive Resource Wiki; *http://retrospectivewiki.org/*; abgerufen am 02.08.2014

[Rising 2004] Linda Rising, Mary Lynn Manns: Fearless Change: Patterns for Introducing New Ideas: Introducing Patterns into Organizations; Addison Wesley Pub Co Inc, 2004

[Rising 2008] Questioning the Retrospective Prime Directive; *http://www.infoq.com/articles/retrospective-prime-directive*, 14.02.2008; abgerufen am 28.05.2014

[Stapf 2011] Heiko Stapf: Ich bin ein Impediment – Der Elefant im Raum; *http://www.heikostapf.de/impediments/ich-bin-ein-impediment-der-elefant-im-raum/*, 18.07.2011; abgerufen am 28.05.2014

[Wikipedia 01] *http://de.wikipedia.org/wiki/Retrospektive*; abgerufen am 08.04.2014

Simulationen und Spiele

[Beermann 2010] Susanne Beermann, Monika Schubach: Spiele für Workshops und Seminare; 3. Auflage. Haufe-Lexware, 2010

[Bonkowski 2010] Frank Bonkowski: Team Building – 44 Aktionen, die verbinden; 2. Auflage, Neukirchner Verlagsgesellschaft mbH, Neukirchen-Vluyn, 2010

[Seifert 2010] Josef W. Seifert, Heinz-Peter Göbel: GAMES – Spiele für Moderatoren & Gruppenleiter – kurz, knackig, frech; 4. Auflage, GABAL Verlag GmbH, Offenbach, 2010

[Ziegler 2007] Erich Ziegler: Das australische Schwebholz und 199 andere Spiele für Trainer und Seminarleiter; 2. Auflage, GABAL Verlag GmbH, Offenbach, 2007

Über Haltungen, Werte, Praktiken, Lösungsorientierung

[Achor 2011] Shawn Achor: The Happiness Advantage; Virgin Books, 2011

[Bamberger 2010] Günter G. Bamberger: Lösungsorientierte Beratung, Praxishandbuch, 4. Vollst. überarbeitete Auflage, Beltu Verlag, Weinheim, Basel, 2010

[Foerster 1994] Heinz von Foerster: Wissen und Gewissen: Versuch einer Brücke; herausgegeben von Siegfried J. Schmidt; 2. Auflage, Suhrcamp Verlag Frankfurt am Main, 1994

[Foerster 2007] Heinz von Foerster, Monika Bröcker: Teil der Welt. Fraktale einer Ethik – oder Heinz von Foersters Tanz mit der Welt; 2. Auflage, Carl-Auer Verlag Heidelberg, 2007

[Foerster 2011] Heinz von Foerster, Bernhard Pörksen: Wahrheit ist die Erfindung eines Lügners, Gespräche für Skeptiker; 9. Auflage, Carl-Auer Verlag Heidelberg, 2011

[Gleisbauer 2012] W. Gleisbauer: Reteaming – Methodenhandbuch zur lösungsorientierten Beratung; 3. Auflage, Carl-Auer Verlag Heidelberg, 2012

[Hargens 2009] Jürgen Hargens: Bitte nicht helfen! Es ist auch so schon schwer genug. (K)ein Selbsthilfebuch; 7. Auflage, Carl-Auer Verlag Heidelberg, 2009

[Hargens 2010] Jürgen Hargens: Lösungsorientierte Therapie ... was hilft, wenn nichts hilft ...; 2. Auflage, SolArgent Media, Division of BORGMANN HOLDING AG, Basel, 2010

[Hargens 2010a] Jürgen Hargens: Erfolgreich führen und leiten – das will ich auch können ...; 4. Auflage, SolArgent Media, Division of BORGMANN HOLDING AG, Basel, 2010

[kommunikationslotsen 2012] kommunikationslotsen: Facilitation, Ein neues Paradigma für die ressourcenorientierte Handlungsfähigkeit von Organisationen; bisher unveröffentlichter Fachartikel, 2012

[Lundin 2003] Stephen C. Lundin, Harry Paul, John Christensen: FISH! Ein ungewöhnliches Motivationsbuch; 20. Auflage, Wilhelm Goldmann Verlag, München, 2003

[Meier 2008] Daniel Meier, Peter Szabo: Coaching – erfrischend einfach, Einführung ins lösungsorientierte Kurzzeitcoaching; solutionsurfers GmbH, Luzern, Schweiz, 2008

[Meier 2009] Daniel Meier: Logbuch Coaching; solutionsurfers GmbH, Luzern, Schweiz, 2009

[Prior 2009] Manfred Prior: MiniMax-Interventionen; 8. Auflage, Carl-Auer Verlag Heidelberg, 2009

[Salomon 2010] Dieter Salomon: Systemische Fragen; Ausbildungsmaterialien; Karlsruhe, 2010

[Schlippe 2007] Arist von Schlippe, Jochen Schweitzer: Lehrbuch der systemischen Therapie und Beratung; 10. Auflage, Vandenhoeck & Ruprecht, Göttingen, 2007

[Shazer 2010] Steve de Shazer: Worte waren ursprünglich Zauber; Von der Problemsprache zur Lösungssprache; 2. Auflage, Carl-Auer Verlag Heidelberg, 2010

[Strelecky 2012] John Strelecky: The Big Five for Life – Was wirklich zählt im Leben; 9. Auflage, Deutscher Taschenbuchverlag, München, 2012

[Tscheuschner 2009] Marc Tscheuschner, Hartmut Wagner: 30 Minuten TMS – Team Management System; GABAL Verlag GmbH, Offenbach, 2009

[Watzlawick 2006] Paul Watzlawick (Hg.): Die erfundene Wirklichkeit – Wie wissen wir, was wir zu wissen glauben? Beiträge zum Konstruktivismus; 5. Auflage, Piper Verlag GmbH, München, 2006

[Watzlawick 2011] Paul Watzlawick: Anleitung zum Unglücklichsein; 19. Auflage, Piper Verlag GmbH, München, 2011

Über agiles Vorgehen

[AgileManifesto] Manifesto for Agile Software Development; *http://www.agilemanifesto.org/*

[AgileManifestoPrinciples] Principles behind the Agile Manifesto; *http://www.agilemanifesto.org/principles.html*

[Dräther 2013] Rolf Dräther, Holger Koschek, Carsten Sahling: Scrum – kurz & gut; O'Reilly Verlag, Köln, 2013

[Koschek 2013] Holger Koschek: Geschichten vom Scrum – Von Sprints, Retrospektiven und agilen Werten.; 2., überarbeitete Auflage, dpunkt.verlag, 2013

[Röpstorff 2012] Sven Röpstorff, Robert Wiechmann: Scrum in der Praxis, dpunkt.verlag, 2012

Andere Quellen

[Duden.de] *http://www.duden.de/rechtschreibung*

[Mann 1975] Angelika Mann, Reinhard Lakomy: Mir Doch Egal; Single; Amiga, DDR, 1975

[Milne 2009] A. A. Milne: Pu der Bär, Gesamtausgabe; Cecilie Dressler Verlag, Hamburg, 2009

[Ohno 1988] Taiichi Ohno: The Toyota Production System: Beyond Large-Scale Production; Productivity Press, 1988

[Pfläging 2014] Niels Pfläging: Organisation für Komplexität: Wie Arbeit wieder lebendig wird – und Höchstleistung entsteht; GOagile! Special Edition, BoD – Books on Demand, Norderstedt, 2014

[Wikipedia 02] *http://de.wikipedia.org/wiki/Community_of_Practice*; abgerufen am 03.08.2014

Index